智能制造领域高素质技术技能型人才培养方案精品教材
高职高专院校机械设计制造类专业“十四五”系列教材

机械设计基础实验及创新设计

主　编◎何　剑　侯文卿
副主编◎黎章文　何　刚　徐志刚
　　　　朱小丽　唐华林
参　编◎郝文琦　李　健　曹楚君
　　　　钱春华　龙玉琴
主　审◎尹珊波

華中科技大學出版社
http://www.hustp.com
中国·武汉

图书在版编目(CIP)数据

机械设计基础实验及创新设计/何剑,侯文卿主编. —武汉:华中科技大学出版社,2021.1(2023.1 重印)
ISBN 978-7-5680-6884-0

Ⅰ.①机… Ⅱ.①何… ②侯… Ⅲ.①机械设计-高等职业教育-教材 Ⅳ.①TH122

中国版本图书馆 CIP 数据核字(2021)第 017350 号

机械设计基础实验及创新设计
Jixie Sheji Jichu Shiyan ji Chuangxin Sheji

何 剑 侯文卿 主编

策划编辑:张 毅
责任编辑:刘 静
封面设计:孢 子
责任监印:朱 玢
出版发行:华中科技大学出版社(中国·武汉) 电话:(027)81321913
武汉市东湖新技术开发区华工科技园 邮编:430223
录 排:武汉市洪山区佳年华文印部
印 刷:武汉开心印印刷有限公司
开 本:787mm×1092mm 1/16
印 张:7.5
字 数:194 千字
版 次:2023 年 1 月第 1 版第 2 次印刷
定 价:28.50 元

前言 QIANYAN

作为机械产品的核心，机构和零件设计的创新性决定了产品的实用性和先进性。对于机械设计人员来说，全面掌握机械常用机构和通用零件的设计理论、设计方法，至关重要。有关这方面内容的图书很多，但关于全面综合的、工程性的典型应用的图书还为数不多。为此，编者以常用机构和通用零件的设计为主框架，以设计方法、结构设计实践和典型应用图例为主要内容，结合多年来从事机械结构设计所积累的教学、科研和实际设计经验，尤其结合在实践中收集积累的各类应用图例，从工程性和实用性的角度编写此书。

本书依托大量翔实的工程实例，以图作架，以文为结，尽力阐明机构实例的工作原理与选用要点，以求在机构开发和设计中为读者提供一定的帮助。本书的主要特点如下。

（1）主线明确，辅线清晰。

以机构和零件为主线，涵盖机械各类机构和通用零件的典型设计及应用图例，以交通工具、物流设备等专业领域的机械装备应用为辅线，图文并茂地阐明分析实例和机构原理。

（2）突出工程性和实用性。

所选机构典型、全面，既有经典机械机构，又有创新机械结构；既有单一机构，又有组合机构；既有对机构实例的剖析，又有对创新机构的介绍，全方位地为读者展示各种典型工程实例。本书内容简明扼要，深入浅出，图文并茂，可帮助读者在短时间内高效、优质地掌握常用机构的工程应用。

（3）图文并茂，形象易懂。

所选机构图例包括简单明了的运动简图和轴测简图，直观形象。配以简明扼要的文字，说明设计原则与运动分析及工程实例的工作原理、结构特点和设计选用，要点说明脉络清晰，方便查阅。

本书由何剑、侯文卿担任主编，由黎章文、何刚、徐志刚、朱小丽、唐华林担任副主编，参与编写工作的还有郝文琦、李健、曹楚君、钱春华、龙玉琴。本书由尹珊波担任主审。

限于编者的水平，书中难免存在不妥之处，真诚地希望读者给予批评指正，以便修改。

编者

2020 年 12 月

目录 MULU

第1章

机构运动简图测绘实验

实验目的

(1) 掌握运动副和构件的表示方法。

(2) 了解平面机构的组成原理和运动特点。

(3) 掌握绘制机构运动简图的方法和步骤。

(4) 掌握机构自由度的计算和机构具有确定运动的条件。

机构的运动与机构所包含构件的数目、运动副的数目和类型及运动副之间的相对位置有关,与各构件的实际形状无关。在设计、分析和研究机构时,为了便于表达和交流,通常用机构运动简图或机构运动示意图表示机构中各构件之间的相对运动关系。绘制机构运动简图时,不需要考虑构件的外形、运动副的具体构造,只需要用简单的线条和规定的符号来代表构件和运动副,如图 1.1 至图 1.5 所示。

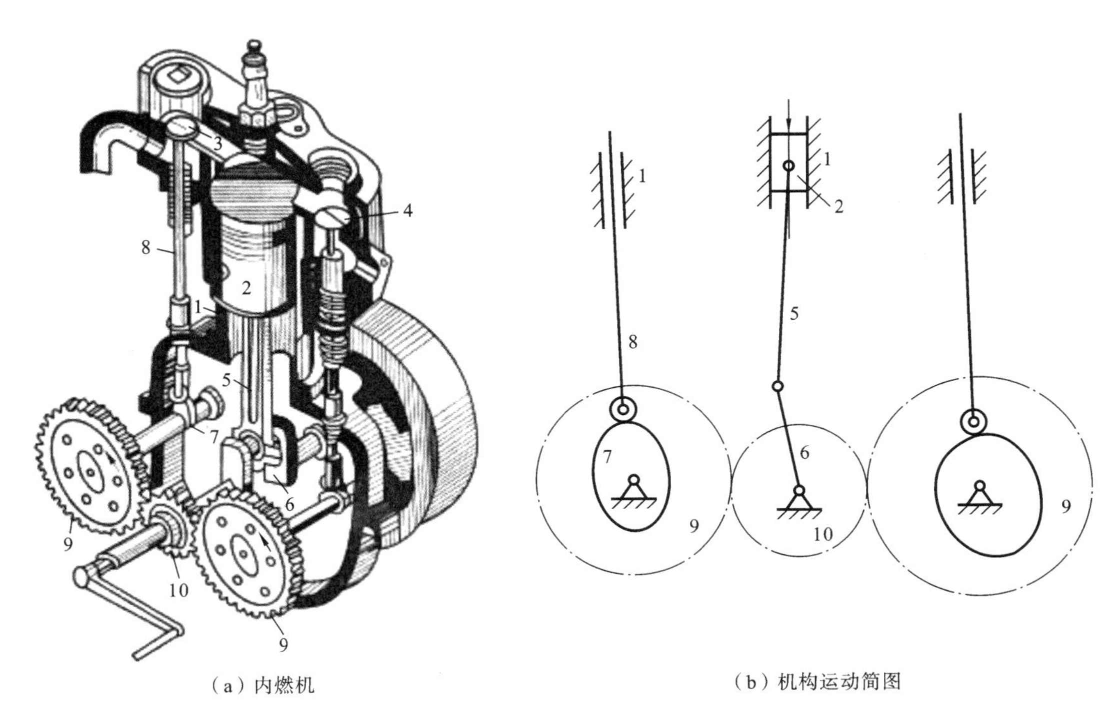

(a) 内燃机　　(b) 机构运动简图

图 1.1　内燃机机构

1—机架;2—活塞;3—进气阀;4—排气阀;5—连杆;
6—曲柄;7—凸轮;8—推杆;9—齿轮;10—齿轮轴

构件、运动副及各种机构的表示方法如表 1.1 至表 1.9 所示。

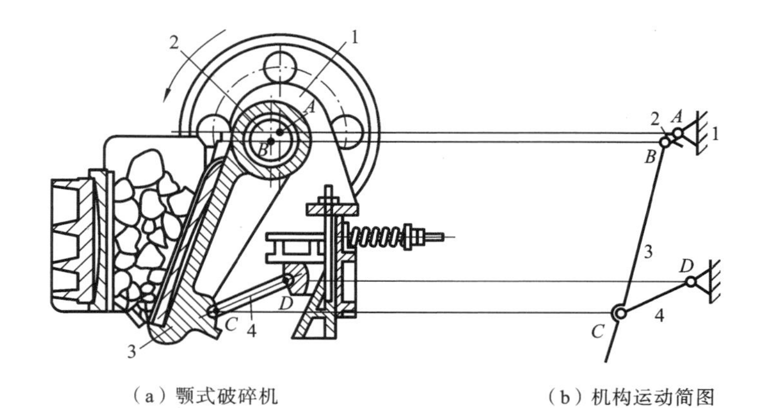

（a）颚式破碎机　　（b）机构运动简图

图 1.2　颚式破碎机机构

1—机架；2—偏心轮；3—动颚板；4—摇杆

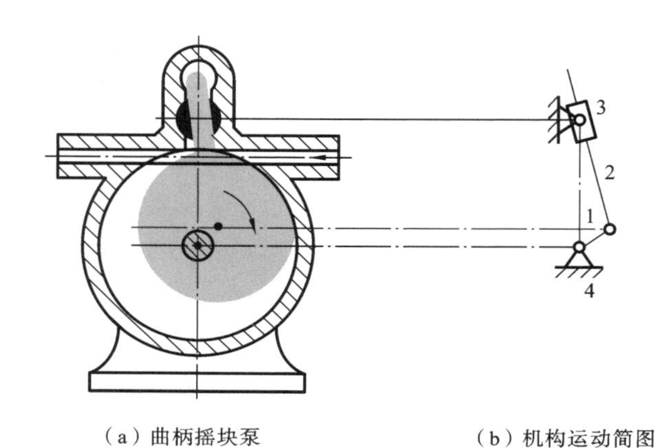

（a）曲柄摇块泵　　（b）机构运动简图

图 1.3　曲柄摇块泵机构

1—曲柄；2—连杆；3—摇块；4—机架

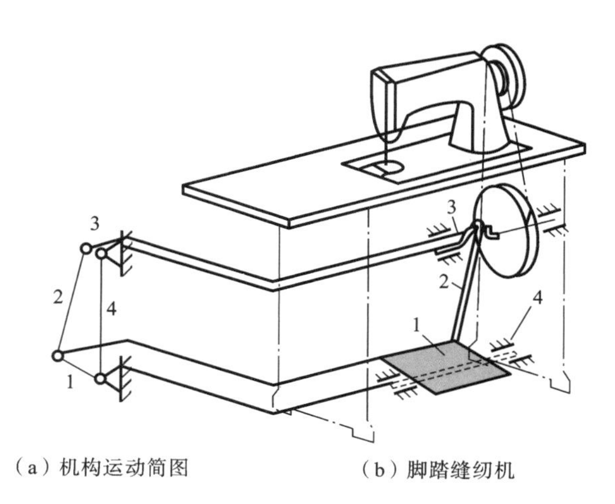

（a）机构运动简图　　（b）脚踏缝纫机

图 1.4　脚踏缝纫机机构

1—踏板；2—连杆；3—皮带轮；4—机架

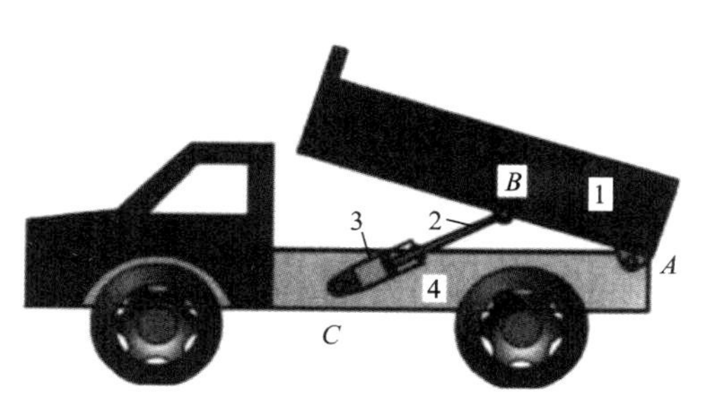

(a) 自卸卡车

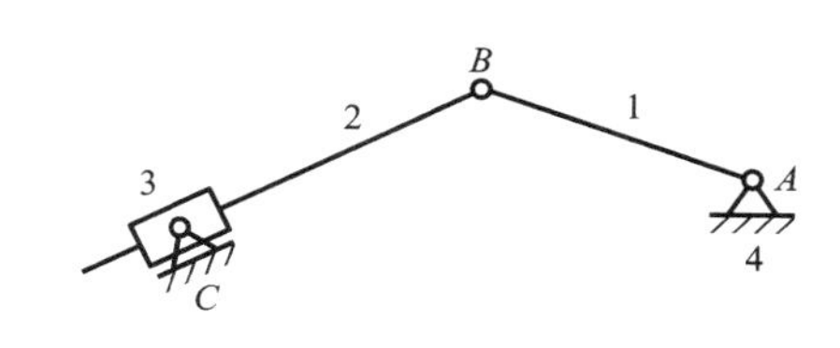

(b) 机构运动简图

图 1.5 自卸卡车机构

1—车厢;2—活塞;3—油缸;4—车体

表 1.1 机构构件运动简图图形符号

名称	基本符号	附注
运动轨迹		直线运动
		曲线运动
运动指向		表示点沿轨迹运动的指向
直线或回转的往复运动		直线运动
		回转运动
直线或曲线的单向运动		直线运动
		曲线运动

表 1.2 运动副的简图图形符号

名称		基本符号	可用符号
回转副	平面机构		
	空间机构		

续表

名称	基本符号	可用符号
棱柱副 （移动副）		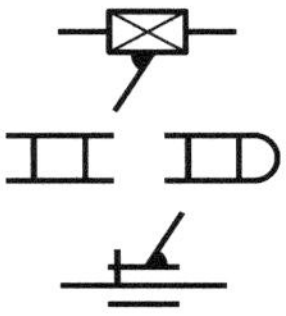
螺旋副		

表 1.3 构件及其组成部分连接的简图图形符号

名称	基本符号	可用符号	附注
机架			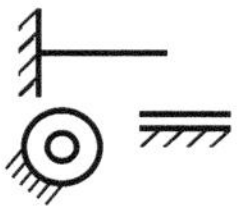
轴、杆			
构件组成部分的永久连接			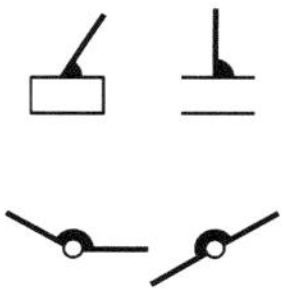
组成部分与轴（杆）的固定连接	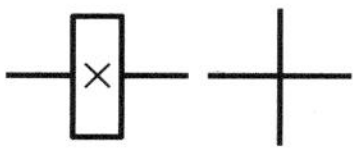		
构件组成部分的可调连接			

表 1.4 多杆构件及其组成部分的简图图形符号

名称		基本符号	可用符号	附注
构件是回转副的一部分	平面机构	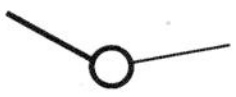		细实线所画为相邻构件
	空间机构			

续表

名称		基本符号	可用符号	附注
机架是回转副的一部分	平面机构			
	空间机构			
构件是棱柱副的一部分			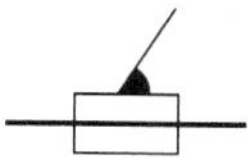	
构件是圆柱副的一部分				
偏心轮		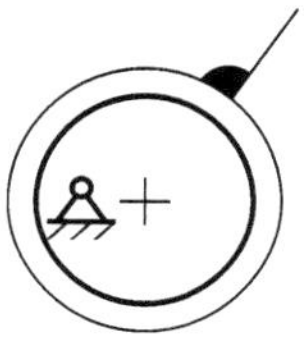		
滑块		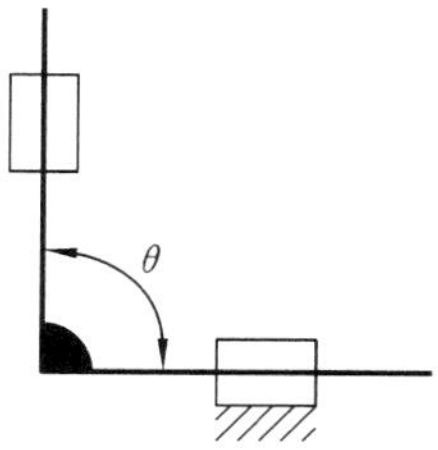 θ	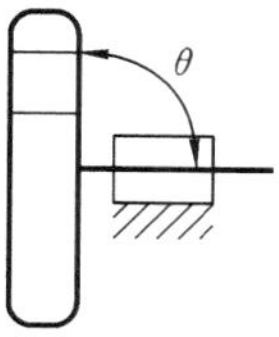 θ	
导杆		 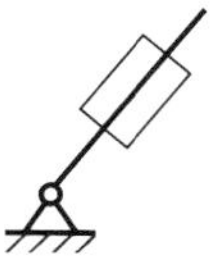		
三副元素构件		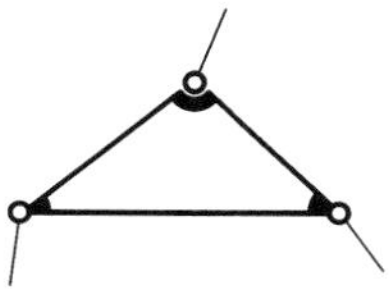	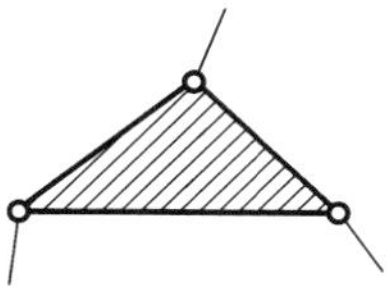	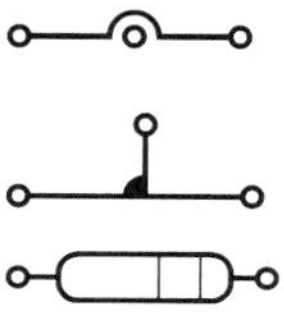

表 1.5　齿轮机构的简图图形符号

名称		基本符号	可用符号
齿轮	圆柱齿轮	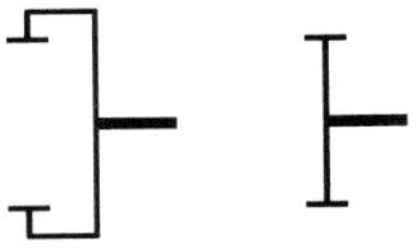	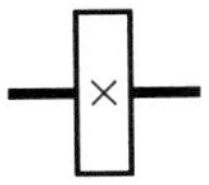
	圆锥齿轮	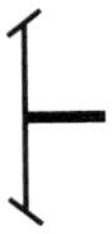	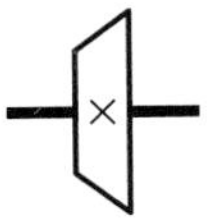
	挠性齿轮	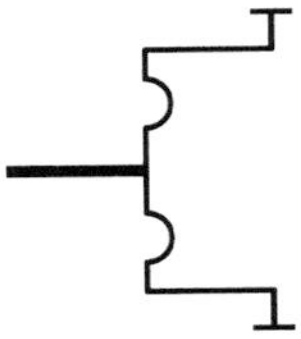	
齿线符号（圆柱齿轮）	直齿	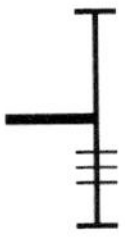	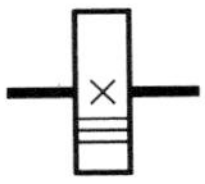
	斜齿	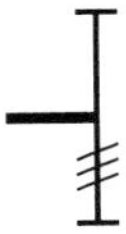	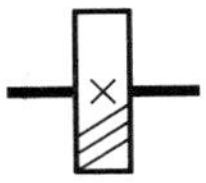
	人字齿		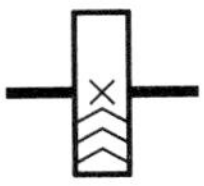
齿轮传动（不指明齿线）	圆柱齿轮	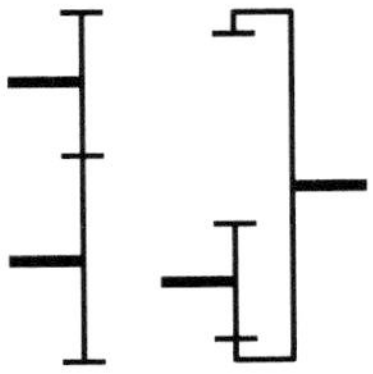	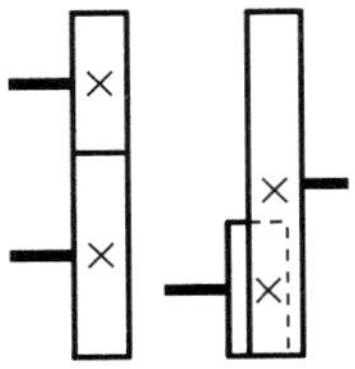
	非圆齿轮	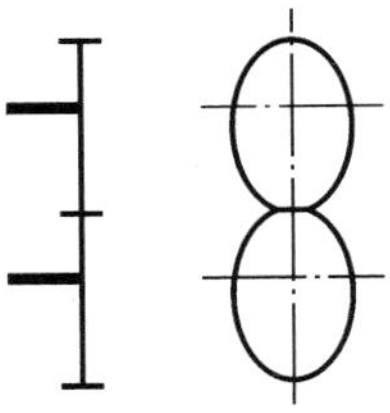	

续表

名称		基本符号	可用符号
齿轮传动（不指明齿线）	圆锥齿轮	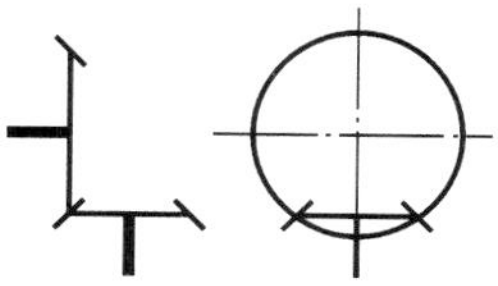	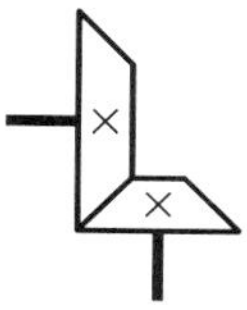
	准双曲面齿轮	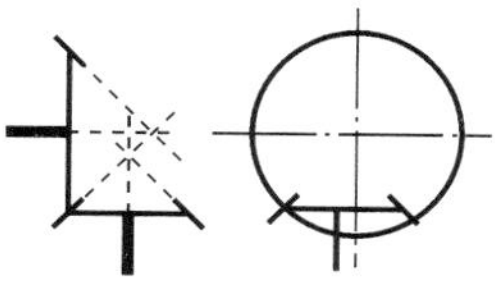	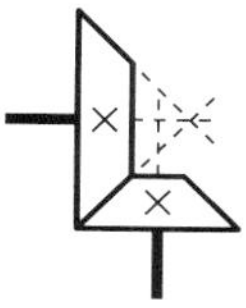
	蜗轮与圆柱蜗杆	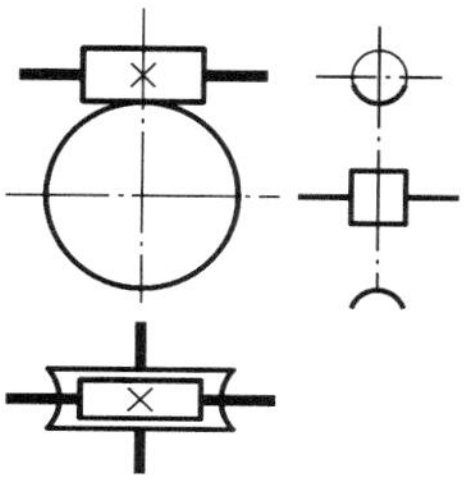	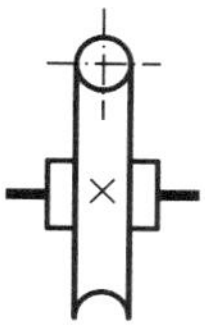
	蜗轮与球面蜗杆	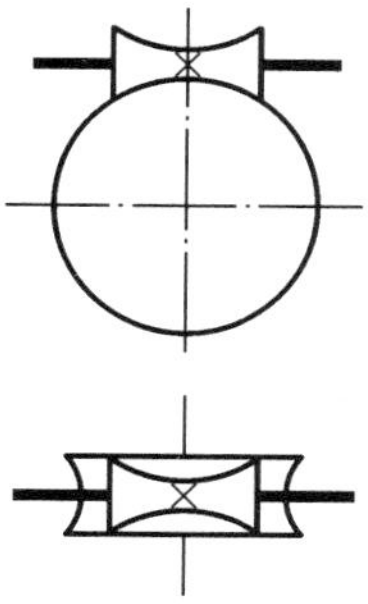	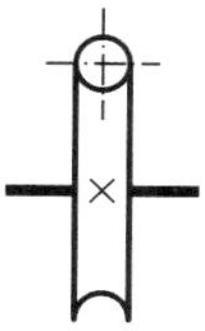
	交错轴斜齿轮	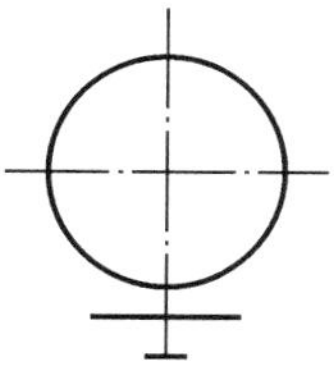	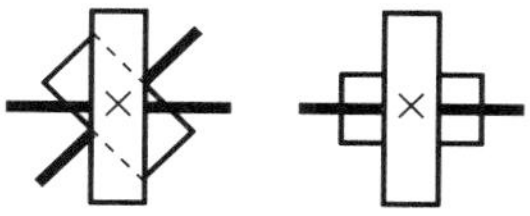
齿条传动	一般表示	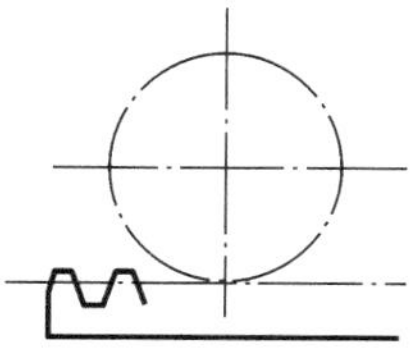	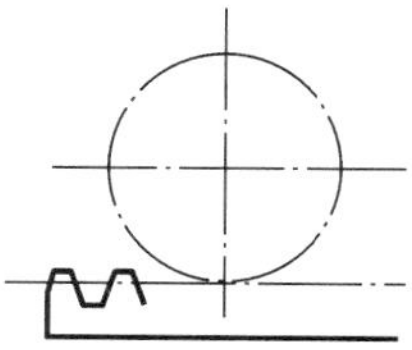
	蜗线齿条与蜗杆		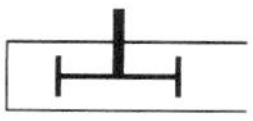

续表

名称		基本符号	可用符号
齿条传动	齿条与蜗杆		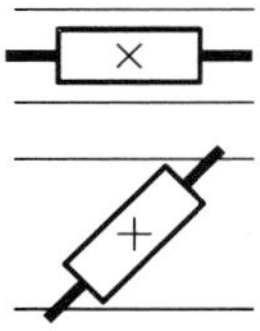
扇形齿轮传动		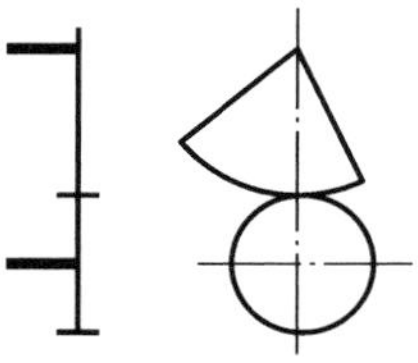	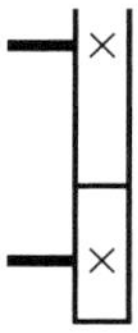

表 1.6　凸轮机构的简图图形符号

名称		基本符号	可用符号	附注
盘形凸轮		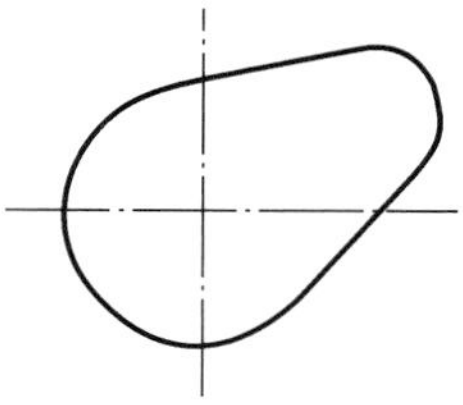		沟槽盘形凸轮 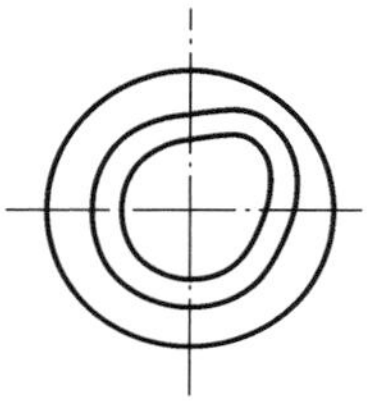
移动凸轮		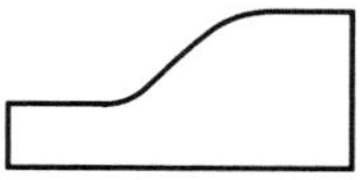		
与杆固接的凸轮		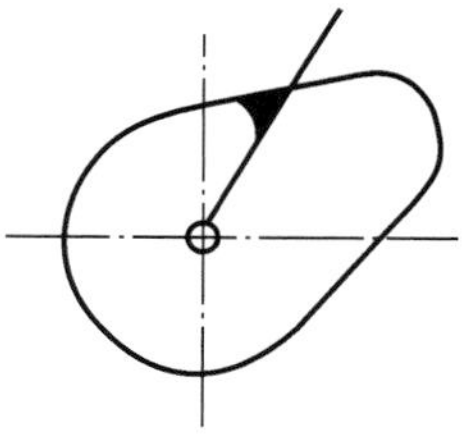		可调连接 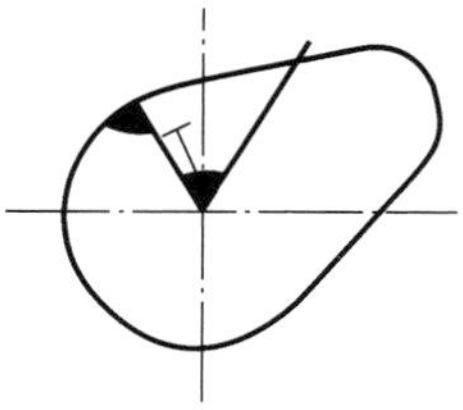
空间凸轮	圆柱凸轮	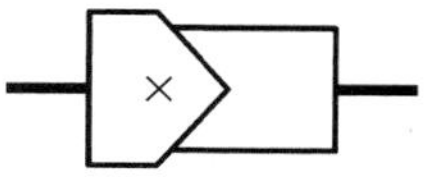	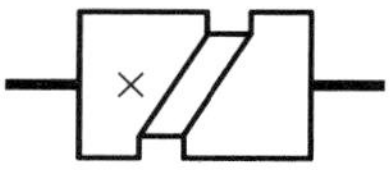	
	圆锥凸轮	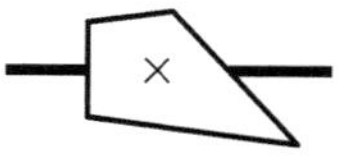	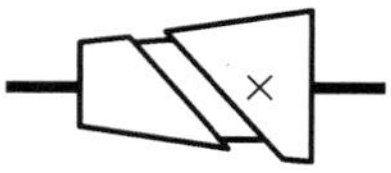	
	双曲面凸轮	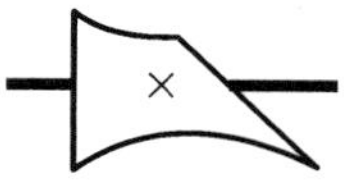	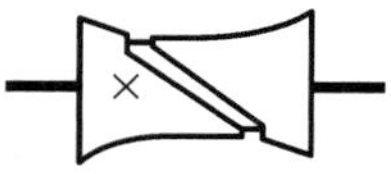	

续表

名称		基本符号	可用符号	附注
凸轮从动杆	尖顶从动杆	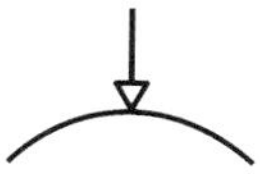		在凸轮副中，凸轮从动杆的符号： 
	曲面从动杆	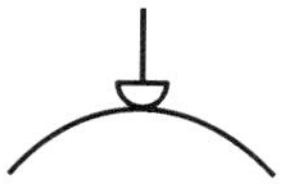		在凸轮副中，凸轮从动杆的符号： 
	滚子从动杆	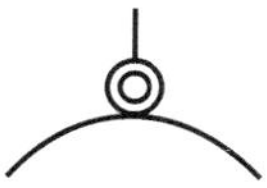		在凸轮副中，凸轮从动杆的符号： 
	平底从动杆	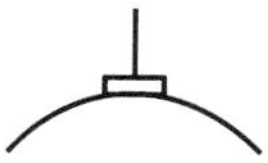		在凸轮副中，凸轮从动杆的符号： 

表 1.7　槽轮机构与棘轮机构的简图图形符号

名称		基本符号	可用符号
槽轮机构	一般符号	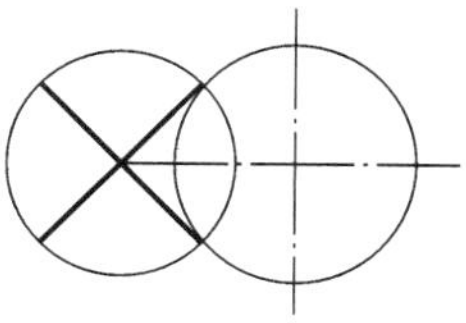	
	内啮合	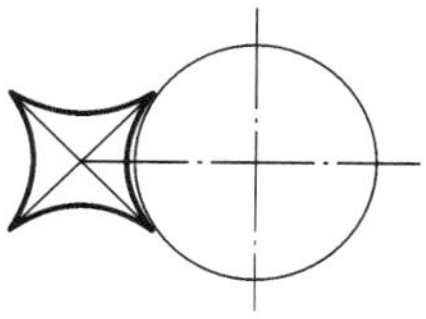	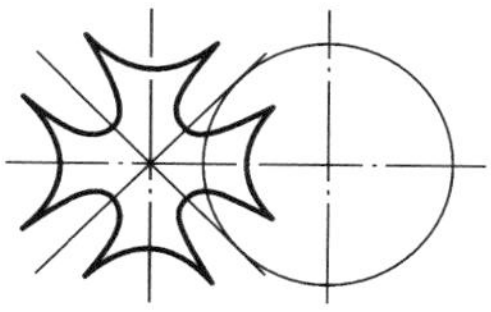
	外啮合	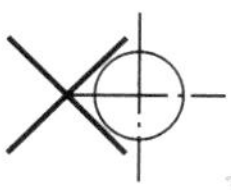	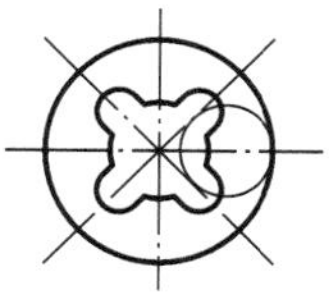

续表

名称		基本符号	可用符号
棘轮机构	内啮合	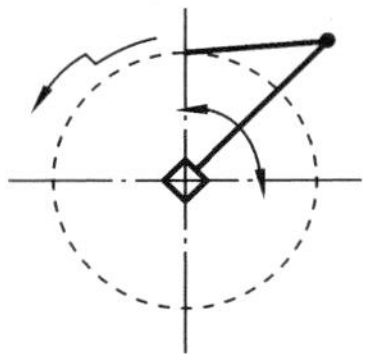	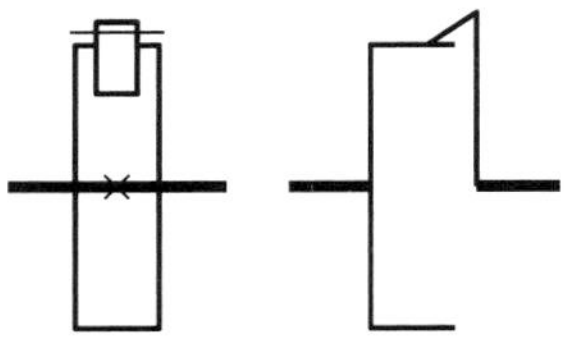
	外啮合	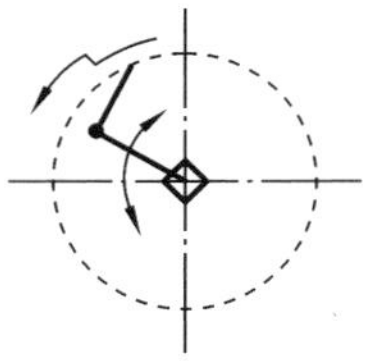	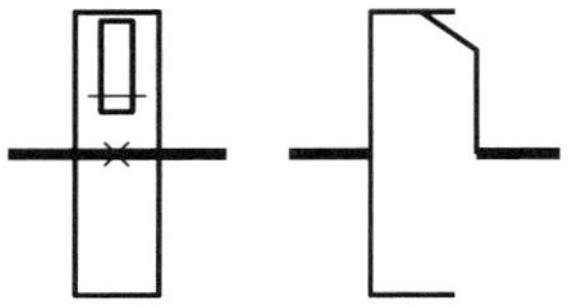
	棘齿条啮合	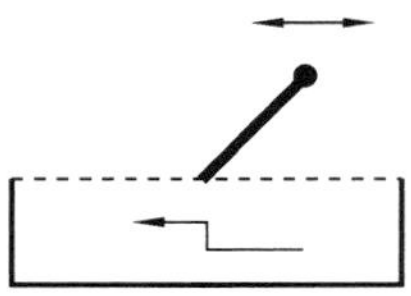	

表 1.8　联轴器、离合器、制动器的简图图形符号

名称	基本符号	附注
联轴器		一般符号(不指明类型)
可控离合器	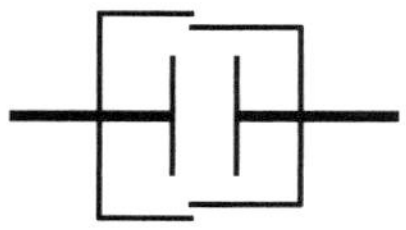	
制动器	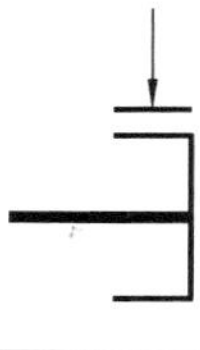	一般符号,不规定制动器外观

表 1.9 其他机构及其组件简图图形符号

名称	基本符号	可用符号	附注
带传动 （一般符号，不指明类型）	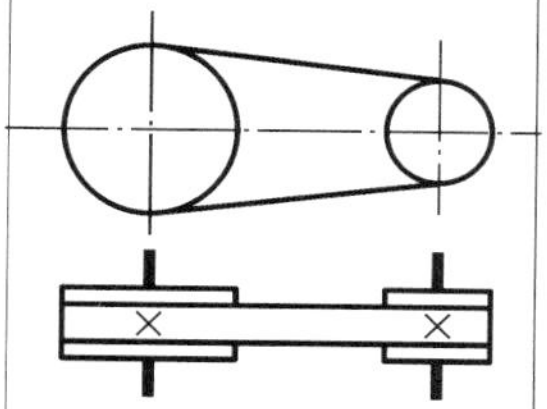 或 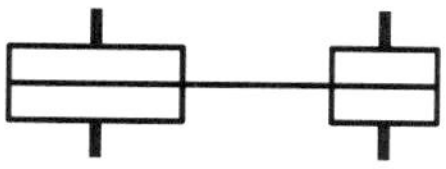		若需指明皮带的类型，可采用下列符号。 三角带：  圆带：  同步齿形带：  平带：  例：三角带传动 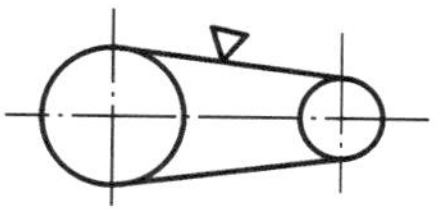
轴上的宝塔轮	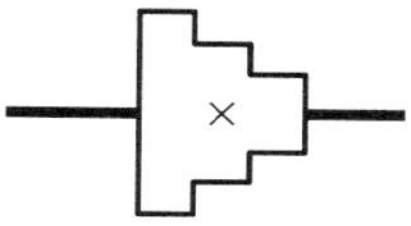		
链传动 （一般符号，不指明类型）	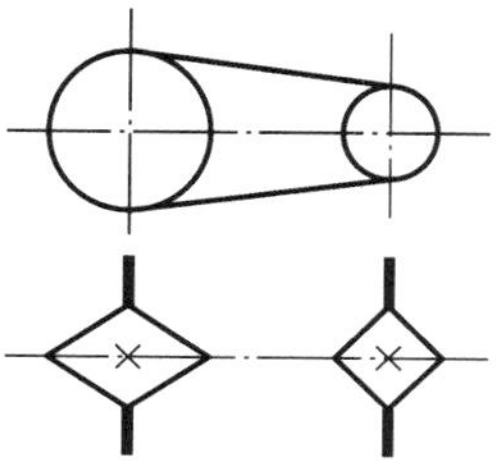		若需指明链条的类型，可采用下列符号。 环形链：  滚子链： 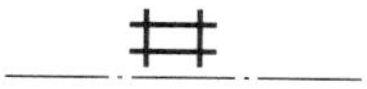 无声链：  例：无声链传动 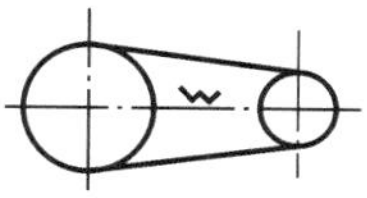
螺杆传动 整体螺母	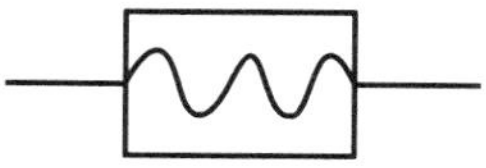		
螺杆传动 开合螺母	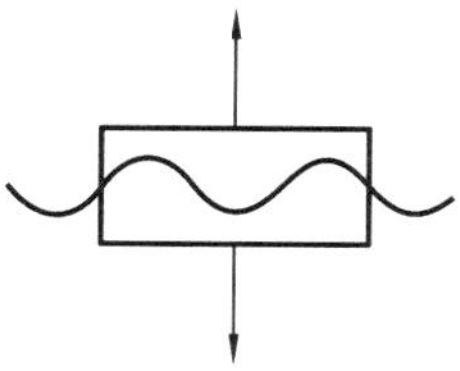	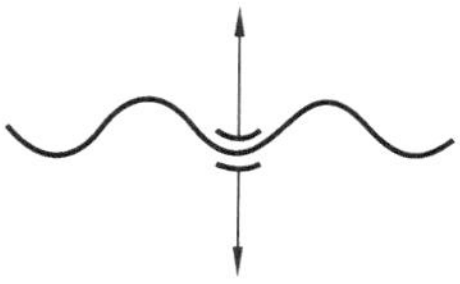	

续表

名称		基本符号	可用符号	附注
螺杆传动	滚珠螺母			
向心轴承	滑动轴承			如有需要,可指明轴承的型号
	滚动轴承			
推力轴承	单向			如有需要,可指明轴承的型号
	双向			
	滚动轴承			
向心推力轴承	单向			如有需要,可指明轴承的型号
	双向			
	滚动轴承			

1.1 实验内容及实验用机构模型和实验所需工具

1. 实验内容

观察实验用机构模型的运动,并进行机构运动简图(或机构运动示意图)的测绘。

2. 实验用机构模型和实验所需工具

实验用机构模型示例如图 1.6 所示。实验所需工具有尺、圆规、铅笔、稿纸等。

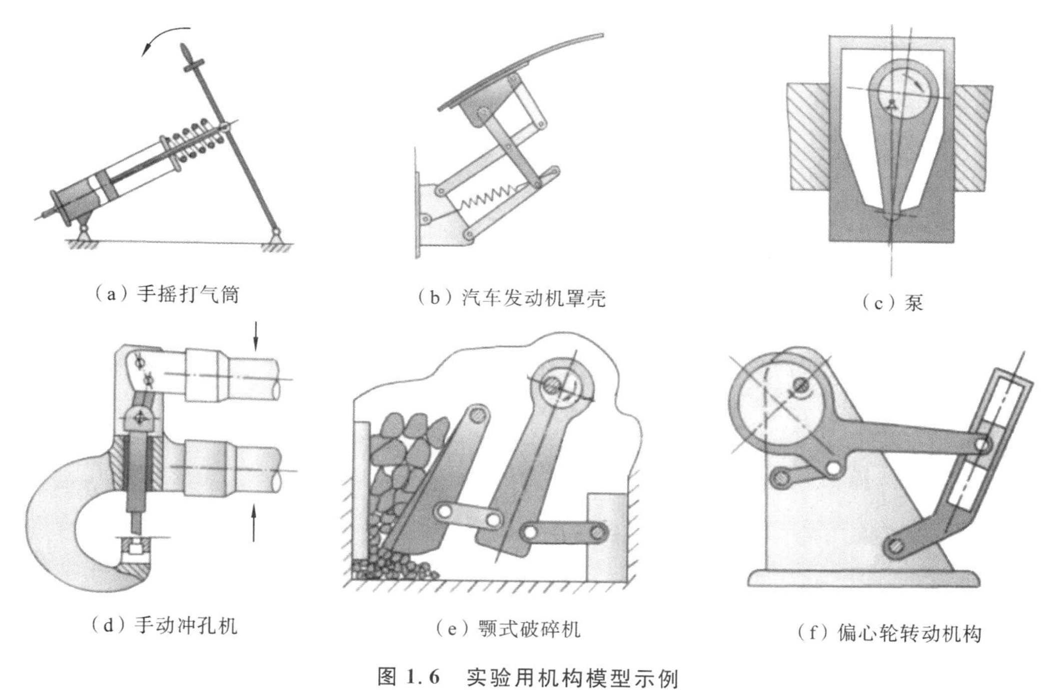

（a）手摇打气筒　（b）汽车发动机罩壳　（c）泵

（d）手动冲孔机　（e）颚式破碎机　（f）偏心轮转动机构

图 1.6　实验用机构模型示例

1.2　实验方法和步骤

实验方法和步骤如下。

（1）选择 5 种或更多种实验用机构模型。

（2）缓慢地转动模型的把手，观察机构的运动情况，确认出机架、原动件和从动件。

（3）观察构件间的连接方式及相对运动形式，确定构件的数目、运动副的数目和类型。

（4）合理选择投影面（选择能够表达机构中多数构件运动的平面作为投影面）。

（5）绘制机构运动简图（或机构运动示意图）。

首先，将原动件固定在适当的位置（避免构件之间重合），大致定出各运动副之间的相对位置，用规定的符号画出运动副，并用线条连接起来；然后，用数字 1，2，3，… 及字母 A，B，C，… 分别标注相应的构件和运动副，并用箭头表示原动件的运动方向和运动形式。绘制示例如图 1.7所示。

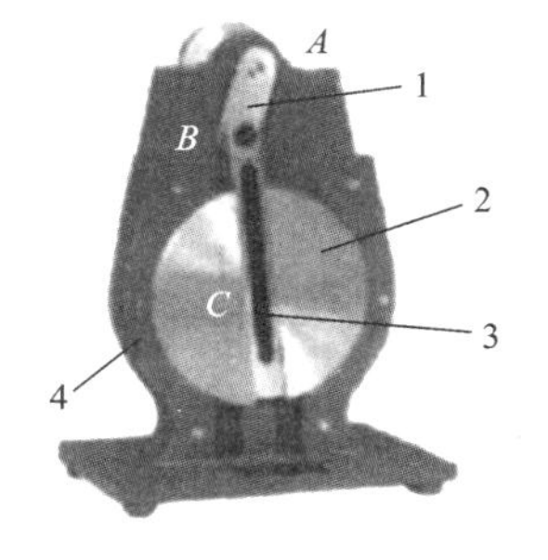

（a）柱塞式曲柄摇块泵

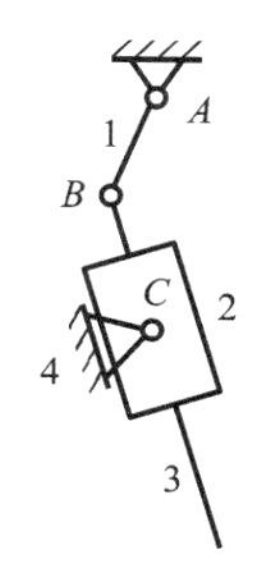

（b）机构运动简图

图 1.7　柱塞式曲柄摇块泵及其机构运动简图

1—曲柄；2—摇块；3—柱塞；4—机架

提示

(1) 对于含有 2 个转动副的构件,不管它的实际形状如何,都可用一条连接两转动副中心的直线来表示。

(2) 测量运动副间相互位置尺寸,将机构运动示意图按比例完善成机构运动简图。

(3) 计算机构的自由度,并与实际机构对照,观察原动件的数目与机构的自由度是否相等。

(4) 对机构进行结构分析,并判断机构的级别。

1.3 机构的发展

早在几千年前,我们的祖先就已经开始使用机械。晋朝时,人们在连机碓和水碾中用了凸轮原理。西汉时,人们应用轮系传动原理制成了指南车(见图 1.8)和记里鼓车(见图 1.9)。东汉张衡发明的候风地动仪(见图 1.10)是世界上第一台地震仪。对于目前许多机械中仍在采用的青铜轴瓦和金属人字形圆柱齿轮,在我国东汉年代的文物中可以找到它们的原始形态。图 1.8 至图 1.10 所示的指南车、记里鼓车和候风地动仪就是当时先进机械的代表。

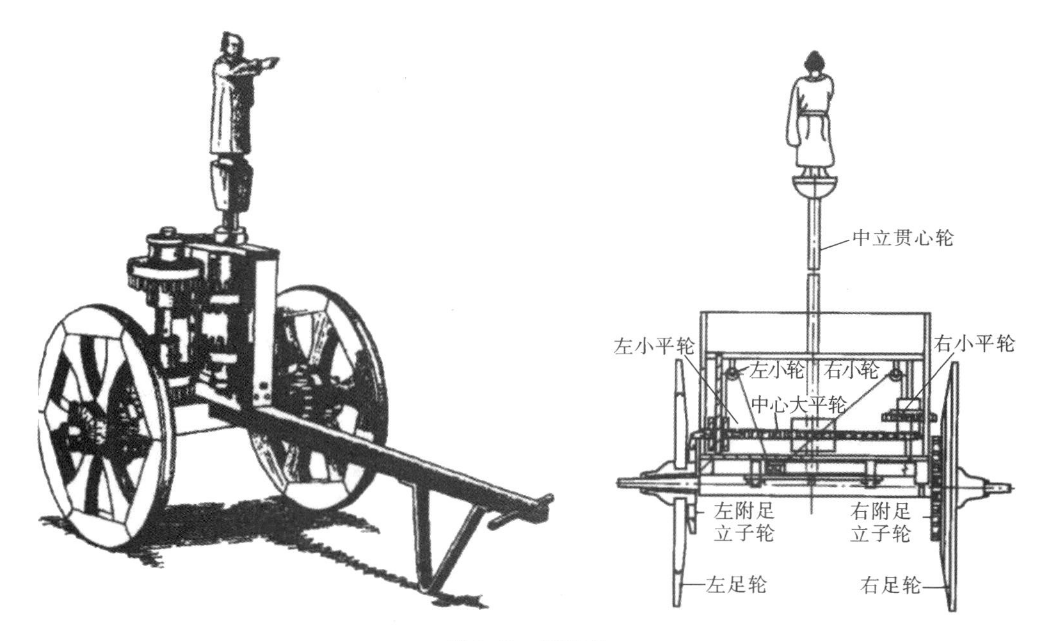

图 1.8 指南车

我们可以这样描述机构:它是人为的实物组合,可实现预期的机械运动,因此可以用来传递运动和力。

现代机械示例如图 1.11 至图 1.14 所示。

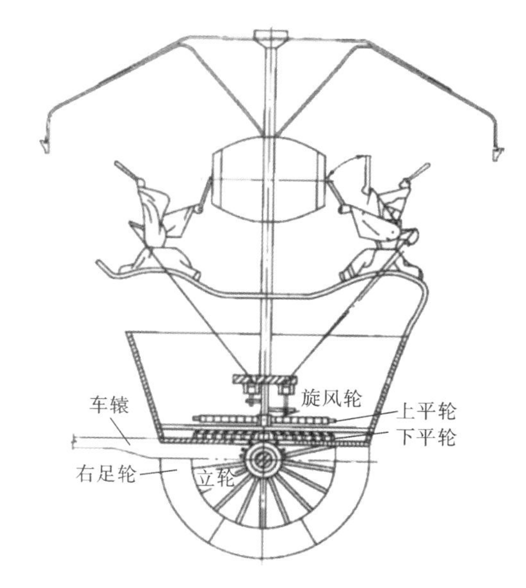

图1.9 记里鼓车

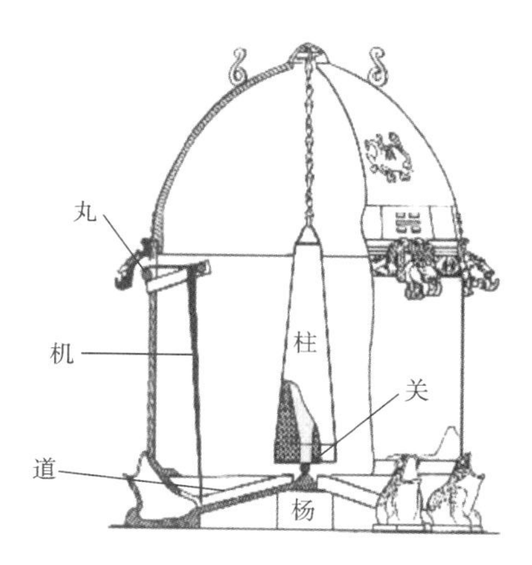

图1.10 候风地动仪

图1.11 宇宙飞行器

图1.12 装载机

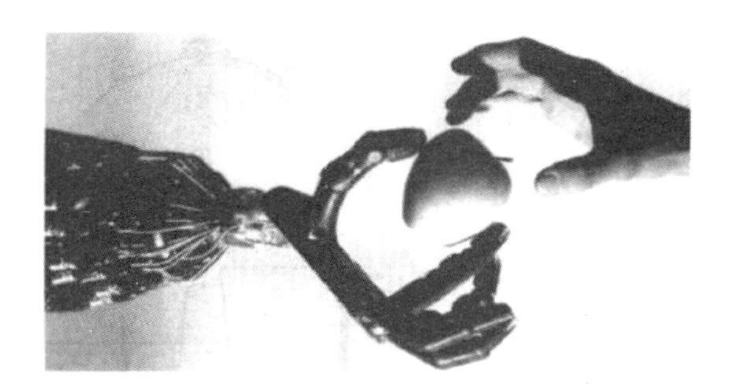

图 1.13　机械手

图 1.14　机器人

实验报告

姓名：______ 学号：______ 班级：______ 实验日期：______ 指导教师：______

一、机构运动简图绘制及机构自由度计算

填写表1.10。

表1.10 机构运动简图绘制及机构自由度计算

序号	机构名称	实测各构件长度	机构运动简图	机构的自由度
1	缝纫机主机构			
2				
3				
4				
5				

二、思考题讨论

1. 一个正确的机构运动简图能说明哪些内容?

2. 绘制机构运动简图时,原动件的位置是否可以任意确定?原动件的位置会不会影响机构运动简图的正确性?

3. 机构自由度的计算对测绘机构运动简图有何帮助?

4. 自由度大于或小于原动件的数目会产生什么样的后果?

5. 家用缝纫机机头的结构示意图如图 1.15 所示,缝纫的线迹形成过程示意图如图 1.16 所示,大致描述家用缝纫机机头中完成缝纫运动的各部分的运动协调关系。

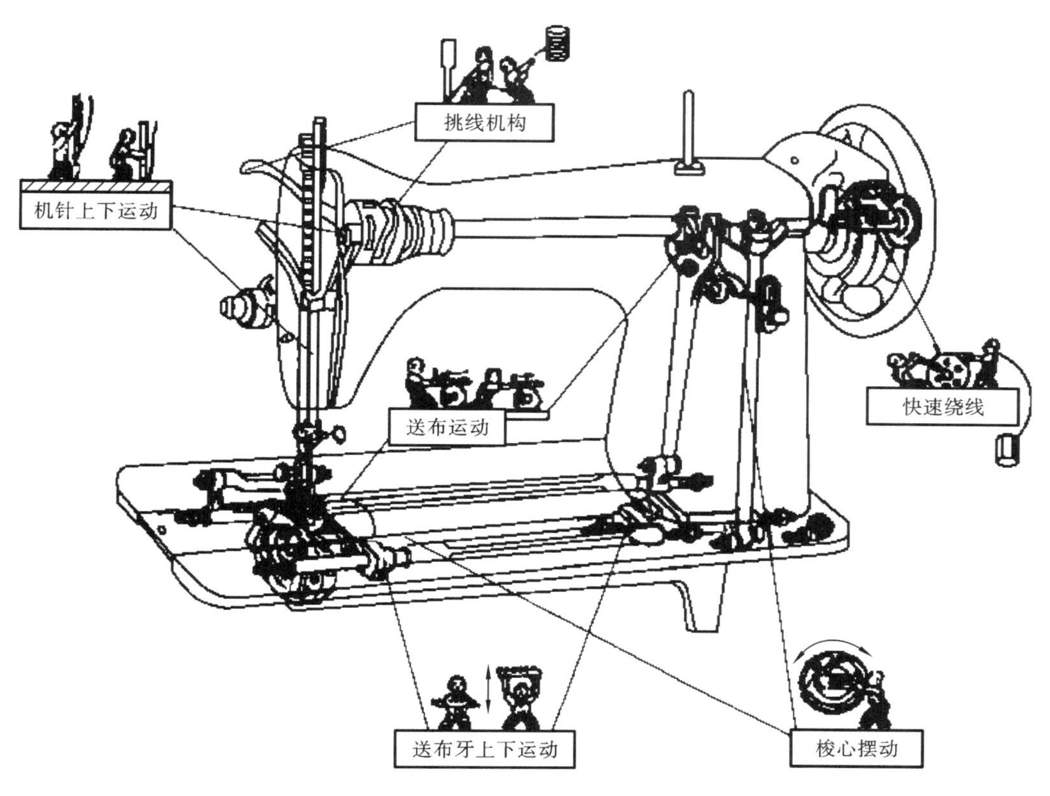

图 1.15 家用缝纫机机头的结构示意图

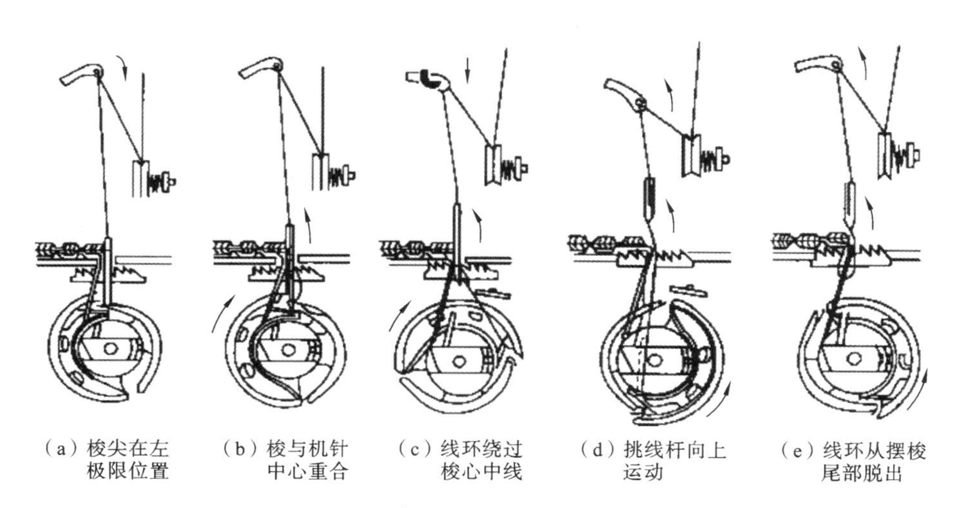

图 1.16 缝纫的线迹形成过程示意图

第2章 齿轮范成原理实验

实验目的

(1) 了解用范成法切制渐开线齿轮的基本原理。

(2) 了解渐开线齿轮产生根切现象的原因和避免根切现象的方法。

(3) 了解加工变位齿轮的方法，清楚标准齿轮轮齿和变位齿轮轮齿的异同。

范成法切制渐开线齿面利用的是互为包络原理，即一对齿轮（或齿轮和齿条）相互啮合时，二者的共轭齿面互为包络面，把相互啮合的齿轮（或齿轮和齿条）之一做成刀具，便可以切制与它共轭的齿面。

以齿条插刀为例。如图2.1所示，切制标准齿轮时，齿条插刀的分度线应与被切齿轮的分度圆相切，如果被切齿轮的齿数太少，即$z<z_{\min}$（标准齿轮正常齿制$z_{\min}=17$，短齿制$z_{\min}=14$），齿条插刀的齿顶线就会超出啮合极限点N_1，加工中齿条插刀会将被切齿轮根部已经加工出的渐开线再多切去一部分，即发生根切现象。为了避免根切现象，可采用变位的方法使齿条插刀的齿顶线正好通过或离开啮合极限点N_1，即将齿条插刀自轮坯中心向外移出一段距离xm。采用这种改变刀具相对位置的方法切制出的齿轮称为变位齿轮，变位后与被切齿轮分度圆相切并作纯滚动的已经不是刀具的中线，而是与之平行的另一条直线。刀具移离轮坯，称为正变位，所切制出的齿轮称为正变位齿轮。刀具移近轮坯，称为负变位，所切制出的齿轮称为负变位齿轮。

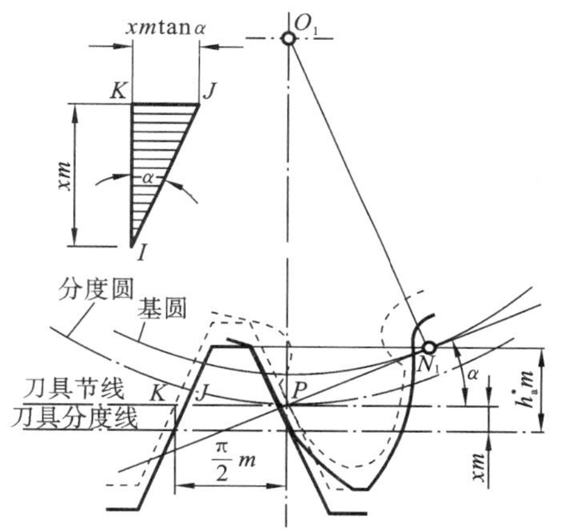

图2.1 用齿条插刀切制渐开线齿轮

2.1 实验内容和实验器材

1. 实验内容

(1) 用齿轮范成仪加工（绘制出）$z=10$的标准齿轮的1～3个完整的齿，并观察齿廓的形成过程，以及是否发生了根切现象。

(2) 用齿轮范成仪加工（绘制出）$z=10$，$x=0.5$的正变位齿轮的1～3个完整的齿，并与上述标准齿轮的齿形进行比较，观察根切现象是否消失。

(3) 用齿轮范成仪加工（绘制出）$z=10$，$x=-0.5$的负变位齿轮的1～3个完整的齿，并与上述标准齿轮和正变位齿轮的齿形进行比较，观察根切现象有何变化。

2. 实验器材

(1) 齿轮范成仪,齿条插刀($m=20$ mm,$\alpha=20°$,$h_a^*=1$,$c^*=0.25$)。

(2) 圆形纸质齿轮毛坯(简称纸质轮坯)1张。

(3) 圆规、三角板、铅笔等(学生自带)。

2.2 实验原理、方法和步骤

1. 实验原理和方法

齿轮范成仪如图2.2所示。齿轮2位于圆盘3的背面,并与圆盘3固连。圆盘3用来安装纸质轮坯,齿条插刀8(用有机玻璃制造)固连在齿条6上,用来加工纸质轮坯。当齿条6在底座1的槽中移动时,齿条插刀8随之一起移动。同时,齿条6驱动齿轮2转动,并带动圆盘3一起转动,从而实现纸质轮坯(安装在圆盘3上)和齿条插刀8之间的范成运动。

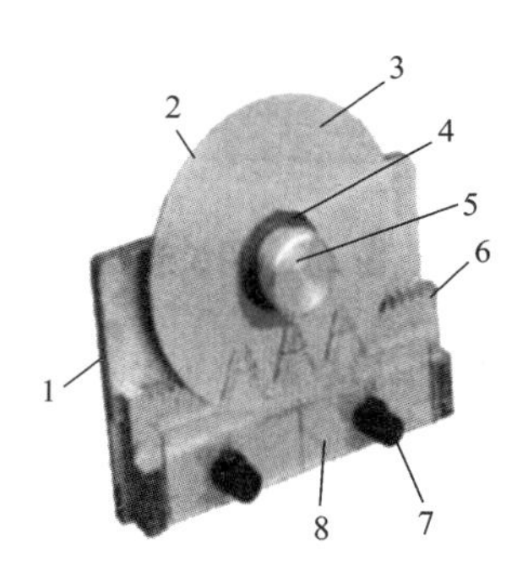

图2.2 齿轮范成仪

1—底座;2—齿轮;3—圆盘(与齿轮2固连,用于安装纸质轮坯);
4—轮坯压板;5—压紧螺母;6—齿条;7—调整螺母;8—齿条插刀(与齿条6一体)

为了展现齿条插刀切削刃在各位置形成包络线的过程,实验者可用铅笔将齿条插刀切削刃的各个位置记录在纸质轮坯上。

2. 实验步骤

(1) 旋下压紧螺母5,取下轮坯压板4,将纸质轮坯安装在圆盘3上,并依次用轮坯压板4和压紧螺母5压紧、固定。

(2) 根据给定参数计算出被切轮坯的分度圆直径。

(3) 在纸质轮坯上画出轮坯分度圆。

(4) 分别计算 $x=0$,$x=\pm0.5$ 时轮坯的齿顶圆直径和变位量 xm。

(5) 切制渐开线齿廓。

用齿条插刀切制渐升线齿轮齿廓示意图如图2.3所示。

① 切制标准齿轮齿廓。

a. 在纸质轮坯圆周上约120°的范围内画出被切轮坯(标准齿轮)的齿顶圆。

b. 调整齿条插刀的位置,使齿条插刀的分度线与被切轮坯的分度圆相切。

图 2.3　用齿条插刀切制渐开线齿轮齿廓示意图

c. 将齿条插刀移动到左侧极限位置，然后慢慢向右推动齿条插刀。齿条插刀右侧的第一个刀齿与被切轮坯的齿顶圆接触，意味着切削过程开始。每移动一次齿条插刀(移动距离为0.5 mm左右)，用铅笔在纸质轮坯上描出齿条插刀的一条轮廓，直到齿条插刀最后一个刀齿与被切轮坯的齿顶圆脱离接触，切削过程结束。

d. 观察齿廓是否存在根切现象。

② 切制正变位齿轮齿廓。

a. 将纸质轮坯转过120°左右，在相应的三分之一圆周上画出被切轮坯(正变位齿轮)的齿顶圆。

b. 将齿条插刀向外移动(远离被切轮坯)，移动距离为$|xm|$。

c. 重复上述切制标准齿轮齿廓的“步骤c”。

d. 观察齿廓形状的变化及是否存在根切现象。

③ 切制负变位齿轮齿廓。

a. 将纸质轮坯再转过120°左右，在对应的三分之一圆周上画出被切轮坯(负变位齿轮)的齿顶圆。

b. 将齿条插刀向内移动(靠近被切轮坯)，移动距离为$|xm|$。

c. 重复上述切制标准齿轮齿廓的“步骤c”。

d. 观察齿廓形状的变化。

2.3　齿轮加工技术的发展

远在公元前400至前200年，中国古代就开始使用齿轮。在我国山西出土的青铜齿轮是迄今发现的最古老的齿轮。反映古代科学技术成就的指南车就是以齿轮机构为核心的机械装置。但从17世纪末，人们才开始研究能正确传递运动的齿轮形状。18世纪，工业革命以后，齿轮传动的应用日益广泛，先是发展了摆线齿轮，而后是渐开线齿轮。

1694 年，法国学者 Philippe de La Hire 首先提出渐开线可作为齿轮曲线。1733 年，法国人 Camus M 提出轮齿接触点的公法线必须通过中心连线上的节点，明确建立了关于接触点轨迹的概念。1765 年，瑞士的 Euler L 提出渐开线齿形解析研究的数学基础。后来，Savery 进一步完善了这一方法，形成了现在的 Euler-Savery 公式。1873 年，德国工程师 Hoppe 提出不同齿数的齿轮在压力角改变时的渐开线齿形，从而奠定了现代变位齿轮的思想基础。直至 19 世纪末，范成法的原理及利用此原理切齿的专用机床与刀具相继出现，切齿时只要将切齿刀具从正常的啮合位置稍做移动，就能用标准刀具在机床上切出相应的变位齿轮。1908 年，瑞士 MAAG 公司研究了变位方法并制造出范成法加工插齿机。

为了延长动力传动齿轮的使用寿命并减小动力传动齿轮的尺寸，英国人 Frank Humphris 在 1907 年提出了圆弧齿形的设想。1926 年，瑞士人 Wildhaber 取得了法面圆弧齿形斜齿轮的专利权。1955 年，苏联工程师 Novikov 完成了实用性研究，圆弧齿形开始进入工业应用领域。1970 年，英国 Rolls-Royce 公司的工程师 Studer R M 取得了双圆弧齿轮的美国专利。与此同时，我国与苏联以及日本等国对双圆弧齿轮进行了一系列开发和研究并获得了普遍的应用效果。

我国齿轮传动发展是从渐开线齿廓起步的。从 20 世纪 50 年代初起，渐开线齿轮得到广泛的应用。1958 年以后，我国开始引入与应用单圆弧齿轮（见图 2.4）。在软齿面条件下，与渐开线齿轮相比，单圆弧齿轮的齿面接触强度显著提高。1970 年以后，由单圆弧齿轮发展为双圆弧齿轮，即由单凸圆弧或单凹圆弧组成齿廓转变为由凸、凹圆弧上下分段组成单一齿廓。这不仅简化了切齿工艺，而且大大提高了轮齿的弯曲强度。对于相同参数与尺寸的软齿面圆柱齿轮来说，双圆弧齿轮（见图 2.5）的工作寿命长于渐开线齿轮，而且当应用于重负荷、大功率的一些齿轮传动中时，双圆弧齿轮能取得更好的效果。

图 2.4　单圆弧齿轮

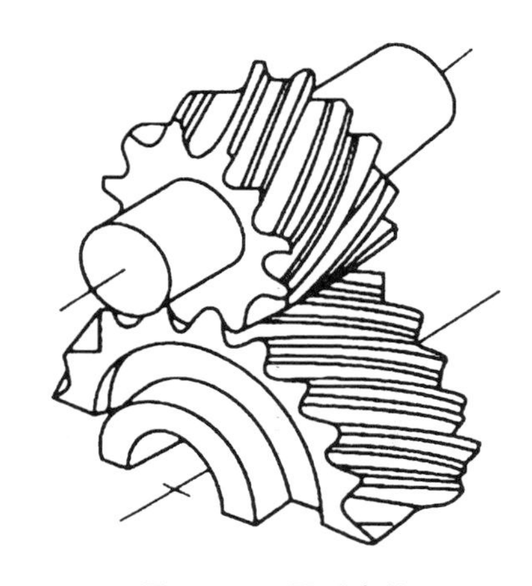

图 2.5　双圆弧齿轮

行星齿轮传动（见图 2.6）采用数个行星轮或一个行星轮的多个轮齿同时传递负荷，并利用了相啮合的组合形式，因而具有体积小、质量轻、速比范围大、传动效率高、噪声小等优点。渐开线行星齿轮传动一般用于大、中功率的增、减速传动场合。

少齿差行星齿轮传动主要使用在中、小功率的大减速比传动场合。所谓少齿差，就是指在内齿轮啮合副中，内齿轮与外齿轮的齿数差很少。渐开线少齿差中的外齿轮一般是不磨齿的，因而加工简便，成本低。摆线少齿差中的外齿轮（摆线齿轮）需要进行齿面渗碳淬火磨齿，传动效率较高，但需要使用专用加工设备，因为是成批生产的，成本不会太高，应用面越来越广，成为目前我国齿轮减速器中年产量最大的一种。谐波少齿差行星齿轮传动依靠柔性材料制成的外齿轮所产生的可控弹性变形传递运动，常用于传动功率不大、运动精度高、回差小、结构更为紧凑的大速比传动装置，特别适合仿生机械、医疗机械、电子设备及航空航天装置中要求动态性能高的伺服系统使用。

图 2.6 行星齿轮传动

齿轮技术的发展与齿轮加工机床的发展密切相关，齿轮传动质量的提高及齿形的改进伴随着新的切齿机型的出现或加工方法的更新。齿轮加工机床的发展经历了如下几个阶段：20 世纪 50 年代中期以前的完全机械式→随后 20 年的简单电气控制式→20 世纪 70 年代开始的采用简单 PLC 的电气控制式→当前的全数控式。齿轮加工机床由纯粹的机械组合逐步演化为强大的控制系统与简单的机械执行机构的组合。在控制技术高度发展的今天，人们已经可以摆脱对传统机床中烦琐的机械传动系统的依赖，通过分别控制刀具和轮坯的各个空间运动的自由度来加工出满足共轭条件的任意的齿轮齿面。

从啮合原理的角度看，两齿轮的啮合过程是它们的齿面互为包络的过程。只要两齿面满足共轭条件，两齿轮便可以啮合传动。从空间运动学的角度看，切制齿轮的齿面就是控制刀具的切削刃在每一瞬间与轮坯的位置。轮坯与刀具在空间的相对运动最多有 6 个自由度(3 个方向的移动和 3 个转动)，因此，最多用 6 个既能连续变化，又能满足相互之间位置变化的函数关系的参数，就可以控制轮坯与刀具的相对位置。

上述 6 个独立的运动必须完成的基本任务是切削和分度，而切削和分度一般主要靠刀盘和工件的旋转来实现，其他 4 个运动用来配合完成整个加工过程。因此，(长幅)摆线、各种螺旋线、(长幅)渐开线等都可以作为齿轮的齿线。另外，齿廓曲线可以有更大的选择范围。圆弧齿线圆柱齿轮如图 2.7 所示。曲线齿线锥齿轮如图 2.8 所示。

图 2.7 圆弧齿线圆柱齿轮

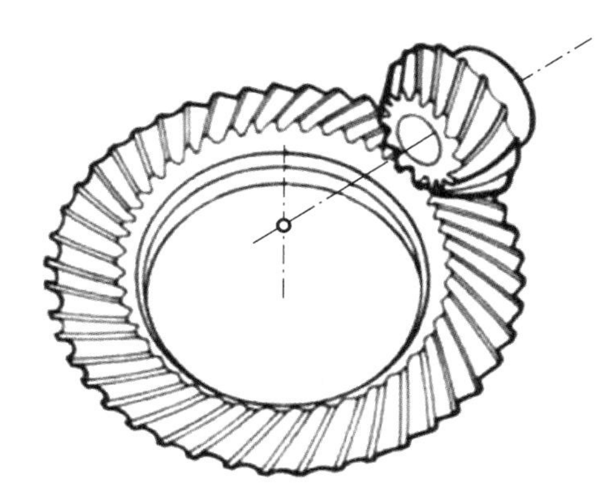

图 2.8 曲线齿线锥齿轮

实验报告

姓名：______ 学号：______ 班级：______ 实验日期：______ 指导教师：______

一、原始数据

(1) 齿条刀具。

模数： $m=20$ mm

压力角： $\alpha=20^\circ$

齿顶高系数： $h_a^*=1$

径向间隙系数： $c^*=0.25$

(2) 被加工齿轮。

齿数： $z=10$

二、齿轮几何参数计算

计算齿轮几何参数并填写表 2.1。

表 2.1 齿轮几何参数计算表

序号	名称	单位	计算公式	计算结果		
				标准齿轮	正变位齿轮	负变位齿轮
1	分度圆半径 r					
2	变位系数 a					
3	基圆半径 r_b					
4	齿顶圆半径 r_n					
5	齿根圆半径 r_r					

三、实验结果

1. 三个轮齿的齿廓图(附图)。

2. 比较正变位齿轮与标准齿轮、负变位齿轮与标准齿轮的实验结果。与标准齿轮相比有变化时，只需说明增大或减小，不需要写出具体数字，可以用“＋”表示增大，用“－”表示减小，用“0”表示不变填表2.2。

表2.2 实验结果比较

项目	分度圆直径 d	基圆直径 d_b	齿根圆直径 d_r	齿顶圆直径	齿距 p	齿厚 s	齿槽宽	基圆齿厚 s_b	齿顶圆齿厚 s_a
正变位									
负变位									

四、思考题讨论

1. 通过实验，说明根切现象与哪些因素有关。

2. 齿条插刀的齿顶高和齿根高为什么都等于$(h_a^* + c^*)m$？

3. 比较用同一齿条插刀加工出的标准齿轮与变位齿轮的几何参数 m、α、r、r_b、h_a、h_f、h、d_a、d_f、s、s_b、s_a、s_f 哪些变了？哪些没有变？为什么？

4. 本实验所用齿轮范成仪中轮坯与齿条插刀之间的范成运动是靠齿轮和齿条传动实现的，那么该运动还可以通过其他传动方式实现吗？若可以，则举例说明。

第3章 带传动实验

实验目的

(1) 了解带传动实验台的结构和工作原理。

(2) 观察带传动中的弹性滑动和打滑现象,并分析产生原因。

(3) 了解改变预拉力对带传动能力的影响。

(4) 掌握转矩、转速基本测量方法。

(5) 绘制带传动滑动率曲线和传动效率曲线。

带传动所传递的圆周力超过带与带轮间极限摩擦力的总和时,带与带轮将发生显著的相对滑动,这种现象称为打滑。经常出现打滑将使带的磨损加剧、传动效率降低,以致使传动失效,因此应当避免打滑现象。弹性滑动是由紧边和松边的拉力差以及带的弹性变形引起的带与轮面之间的相对滑动,只要传递圆周力,出现紧边和松边,就一定会发生弹性滑动,所以弹性滑动是不可避免的。

在带传动机构正常工作时,弹性滑动发生在带离开主、从动带轮之前的那一段接触弧上,如图3.1所示。$\overset{\frown}{C_1B_1}$和$\overset{\frown}{C_2B_2}$称为滑动弧,所对的中心角为滑动角;而把没有发生弹性滑动的接触弧$\overset{\frown}{A_1C_1}$和$\overset{\frown}{A_2C_2}$称作静止弧,所对的中心角为静止角。在带传动的速度不变的条件下,随着带传动所传递的功率的增加,带和带轮间的总摩擦力也随着增大,弹性滑动所对应的弧段的长度也相应增大。当总摩擦力增大到临界值时,弹性滑动区域也就扩大到整个接触弧(相当于C_1点移动到与A_1点重合)。此时如果再增加带传动的功率,则带与带轮间就会发生显著的相对滑动,即整体打滑。

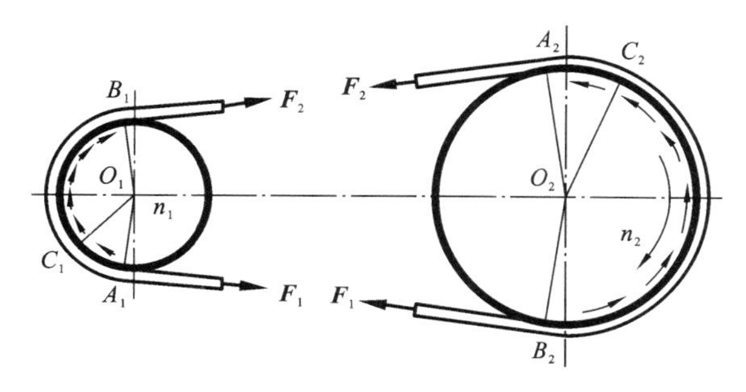

图3.1 带传动的弹性滑动

3.1 实验内容和实验设备

1. 实验内容

(1) 测定主动带轮的转速n_1、转矩T_1,从动带轮的转速n_2、转矩T_2。

(2) 计算出输入功率 P_1、输出功率 P_2、带传动的滑动率 ε、带传动的传动效率 η。

(3) 绘制带传动的滑动率曲线和传动效率曲线。

2. 实验设备

带传动实验台(见图 3.2)由带传动装置、负载箱和电气控制箱三个部分组成。带传动实验台结构组成示意图如图 3.3 所示。

图 3.2 带传动实验台

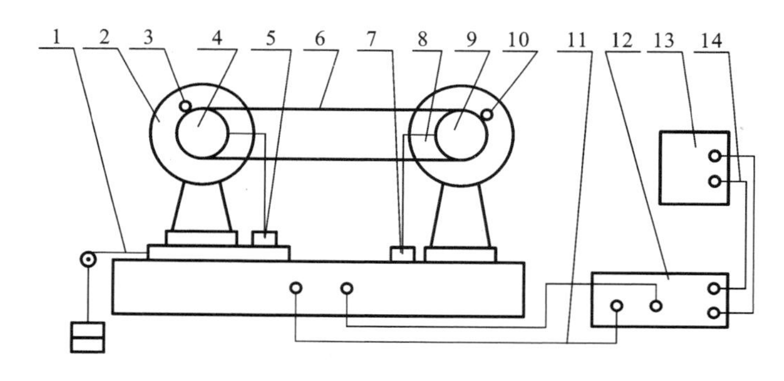

图 3.3 带传动实验台结构组成示意图

1—皮带预紧装置；2—主动带轮；3—直流电动机测速传感器；4—直流电动机；5—直流电动机测力传感器；6—传动带(平带或三角带)；7—直流发电机测力传感器；8—从动带轮；9—直流发电机；10—直流发电机测速传感器；11—连接电缆(2 根)；12—电气控制箱；13—负载箱；14—连接导线(2 根)

(1) 带传动装置由主动部分、从动部分和传动带 6 组成。

主动部分包括直流电动机 4(355 W)、主动带轮 2 和皮带预紧装置 1、直流电动机测速传感器 3、直流电动机测力传感器 5。直流电动机 4 安装在可左右直线滑动的平台上，平台与皮带预紧装置 1 相连，改变砝码的质量，就可改变传动带的预紧力。

从动部分包括直流发电机 9(355 W)、从动带轮 8、直流发电机测速传感器 10、直流发电机测力传感器 7。直流发电机 9 发出的电量，经连接电缆 11 送进电气控制箱 12。电气控制箱 12 用连接导线 14 与负载连接。

(2) 负载箱由 9 只 40 W 灯泡组成，通过开启不同数量的灯泡来改变负载。

(3) 电气控制箱内部线路示意图如图 3.4 所示。电气控制箱的外部面板用来完成控制和

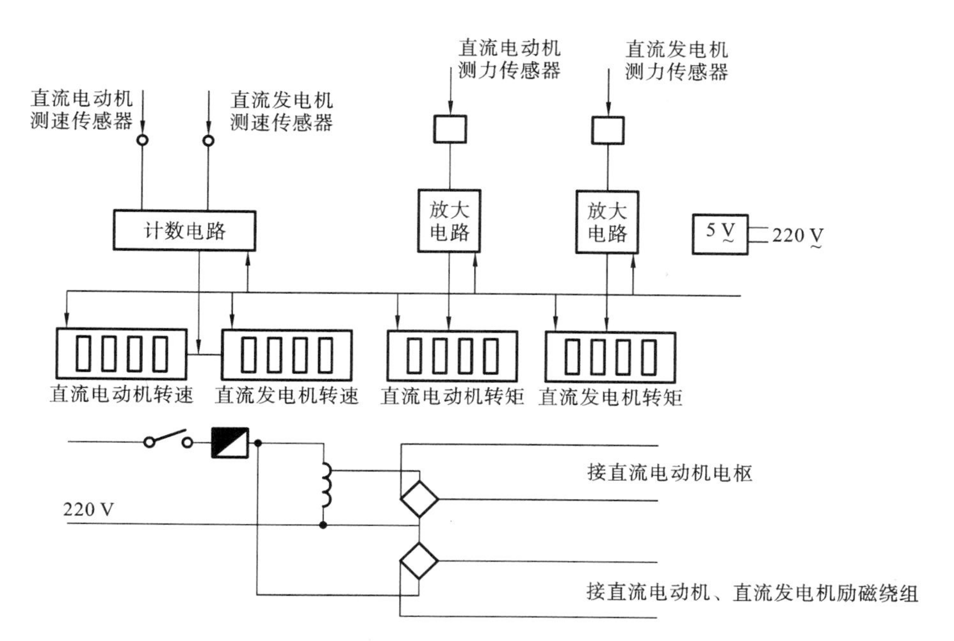

图 3.4 带传动实验台电气控制箱内部线路示意图

测试工作，旋动外部面板上的调速旋钮，可改变主动带轮和从动带轮的转速，且转速由外部面板上的转速计数器直接显示。直流电动机和直流发电机的转矩也分别由外部面板上的计数器显示。

3.2 实验台的工作原理

直流电动机 4 带动主动带轮 2 旋转，能量传递的顺序为：直流电动机 4→主动带轮 2→传动带 6→从动带轮 8→直流发电机 9→负载箱 13(灯泡)。主动带轮 2、从动带轮 8 之间的运动和动力依靠装在其上的传动带 6 与它们之间的摩擦力传递，摩擦力越大，传递的运动和动力越大，即功率越大，直流发电机的发电量也越大，负载灯泡也就越亮。直流电动机和直流发电机均由一对滚动轴承支承，通过测距系统，分别直接测算出主动带轮和从动带轮的工作转矩 T_1 和 T_2。主动带轮的转速 n_1 和从动带轮的转速 n_2 通过调速旋钮来调节，并通过测速装置直接显示。

带传动的滑动率 ε 为

$$\varepsilon=\frac{n_1-in_2}{n_1}\times 100\% \tag{3.1}$$

式中，i 为传动比，由于实验台的带轮直径 $D_1=D_2=125$ mm，$i=1$，所以

$$\varepsilon=\frac{n_1-n_2}{n_1}\times 100\% \tag{3.2}$$

带传动的传动效率为

$$\eta=\frac{P_2}{P_1}\times 100\%=\frac{T_2n_2}{T_1n_1}\times 100\% \tag{3.3}$$

式中，P_1、P_2 分别为主动带轮、从动带轮的功率。

随着直流发电机负载的改变，T_1、T_2 和 n_1、n_2 改变。这样可以获得若干个工况下的 ε 和 η

值，由此可以绘出带传动的滑动率曲线和传动效率曲线。

改变带的预紧力 F_0，可以得到在不同预紧力下的一组测试数据。

3.3 实验操作步骤

1. 准备阶段

（1）将带传动实验台的电源开关置于“关”位置。

（2）将负载开关均置于“断开”状态。

（3）将电气控制箱外部面板上的调速旋钮置于“零”位置（即逆时针旋转到底）。

（4）将传动带套到主动带轮和从动带轮上，轻轻向左拉移直流电动机，并在皮带预紧装置的砝码盘上放适当质量的砝码（要考虑摩擦力的影响）。

2. 实验阶段

（1）打开电源开关。

（2）顺时针缓慢旋转调速旋钮，使直流电动机的转速由低到高，直到直流电动机的转速显示为 $n_1 \approx 1\ 000$ r/min 为止（同时显示出相应的 n_2）。

提示

此时力显示器显示两电机的工作力，分别乘以力臂可得工作转矩 T_1、T_2。记录下实验结果 n_1、n_2 和 G_1、G_2。

（3）按下 1～2 个负载开关，使直流发电机增加一定量的负载，并调速到 $n_1 \approx 1\ 000$ r/min，待工况稳定后，再测试并记录下这一工况下的 G_1、G_2 和 n_1、n_2。

（4）继续增加负载，并调速到 $n_1 \approx 1\ 000$ r/min，记录下相应的 G_1、G_2 和 n_1、n_2。

（5）逐级增加负载，重复上述步骤，直到 $n_1 - n_2 > 30$ r/min 为止，此时 $\varepsilon > 3\%$，带传动机构已进入打滑区工作。

（6）增加砝码质量（即增大皮带预紧力），再重复以上实验。

提示

增大皮带预紧力，可发现带传动效率提高、滑动率降低。

实验结束后，将调速旋钮逆时针旋转到底，再关掉电源开关，然后切断电源，取下带预紧砝码。

3.4 带传动的类型与应用

带传动具有传动结构简单、传动平稳、能缓冲吸振、可以在大的轴间距和多轴间传递动力、造价低廉、不需要润滑、维护容易等优点，广泛应用于农业、矿山、起重运输、冶金、建筑、石油、化工等各种机械传动中。带传动可分为摩擦型带传动和同步带传动。摩擦型带传动中传动带的类型如图 3.5 所示。同步带传动中传动带的类型如图 3.6 所示。与同步带传动相比，摩擦型带传动较为常见。同步带传动的特点是：可保证传动同步，但对载荷变动的吸收能力稍差，高速运转时有噪声。带传动的布置形式举例如图 3.7 所示。

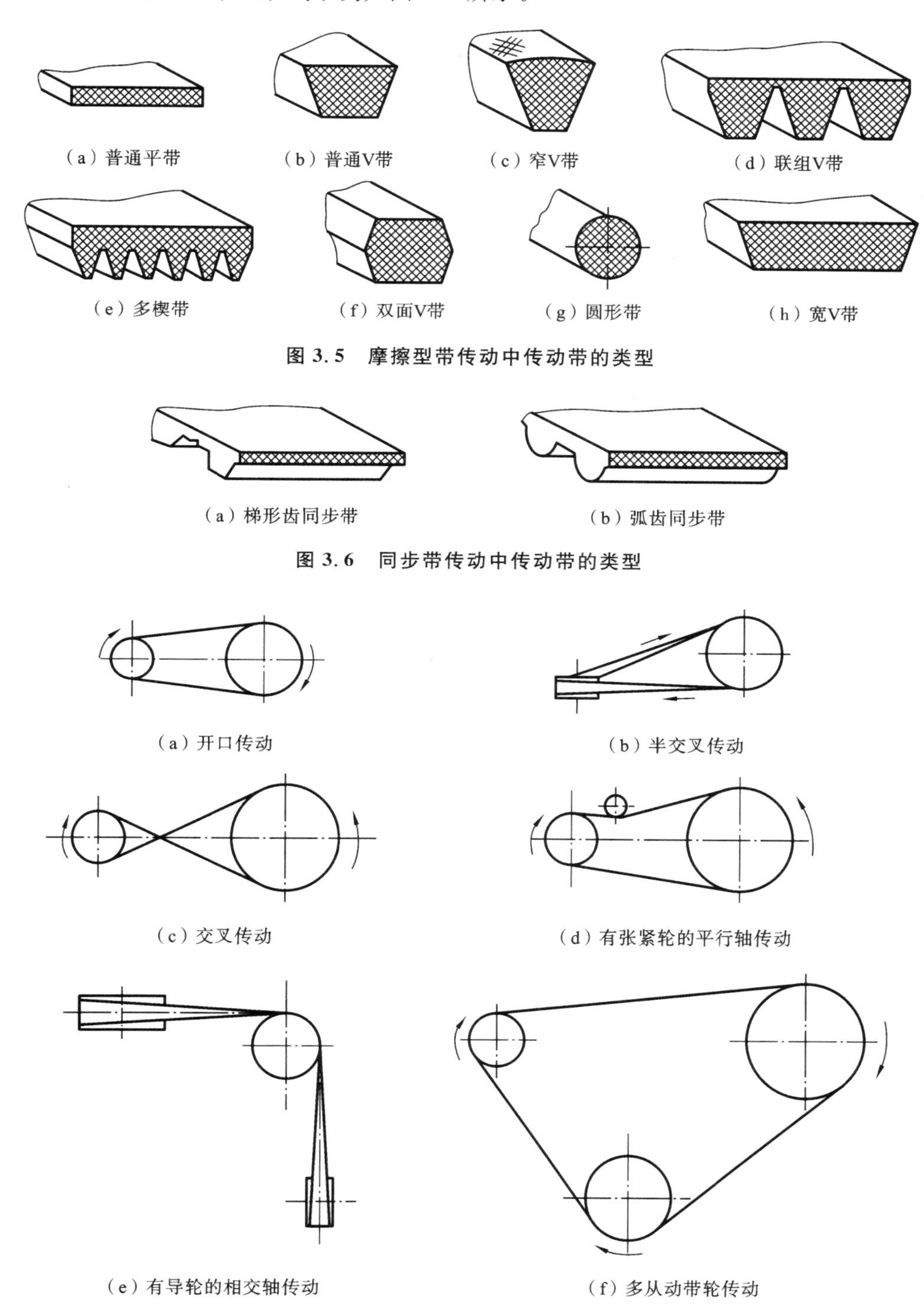

图 3.5 摩擦型带传动中传动带的类型

图 3.6 同步带传动中传动带的类型

图 3.7 带传动的布置形式举例

实验报告

姓名：______ 学号：______ 班级：______ 实验日期：______ 指导教师：______

一、实验目的

二、实验数据记录

预紧力 $F_0=$ ______ kg。

将实验数据填入表3.1中。

表3.1 带传动实验数据记录表

序号	主动带轮转速 n_1/(r/min)	从动带轮转速 n_2/(r/min)	滑动率 ε/(%)	直流电动机测力传感器读数 G_1/kg	直流电动机上力臂 L_1/m	主动带轮的工作转矩 T_1/(kg·m)	直流发电机测力传感器读数 G_2/kg	直流发电机上力臂 L_2/m	从动带轮的工作转矩 T_2/(kg·m)	传动效率 η/(%)

三、滑动率 ε 和传动效率 η 的计算

（1）滑动率 ε 的计算。

$$\varepsilon=\frac{n_1-in_2}{n_1}\times 100\%$$

式中，n_1、n_2 分别为主动带轮、从动带轮的转速(r/min)，i 为传动比。本带传动实验台 $i=1$。

（2）传动效率 η 的计算。

$$\eta=\frac{P_2}{P_1}\times 100\%=\frac{T_2 n_2}{T_1 n_1}\times 100\%$$

式中，P_1、P_2分别为主动带轮、从动带轮的功率(kW)，n_1、n_2分别为主动带轮、从动带轮的转速(r/min)，T_1、T_2分别为主动带轮、从动带轮的转矩(N·m)。

四、绘制滑动率曲线 ε-T_2 和传动效率曲线 η-T_2

随着负载的改变，T_1、T_2，n_1、n_2 改变。用改变负载的方法可获得一系列的 T_1、T_2 和 n_1、n_2，通过计算又可以获得一系列的 ε 和 η 以及有效拉力 F_e，用这一系列数值在图 3.8 中可绘出滑动率曲线 ε-F_e 和传动效率曲线 η-F_e。

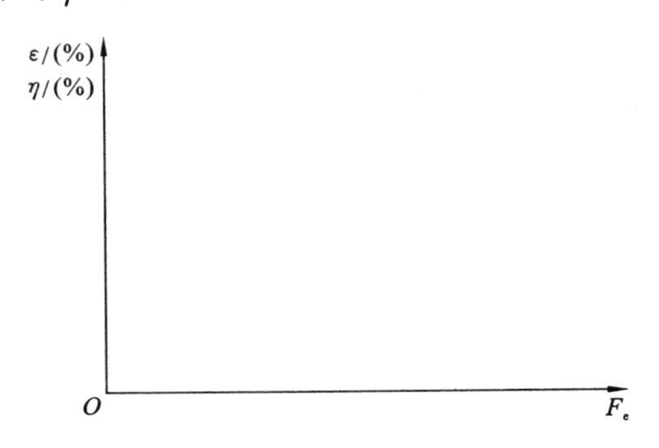

图 3.8　带传动的滑动率曲线和传动效率曲线

五、分析讨论

分析负载 T_2 对滑动率 ε 和传动效率 η 的影响，以及预紧力 F_0 对滑动率 ε 和传动效率 η 的影响：

六、思考题讨论

1. 论述你在实验过程中看到的弹性滑动与打滑现象的产生原因及两者的本质区别。

2. 打滑和弹性滑动对带传动各产生什么影响?

3. 可采取哪些措施来提高带传动的承载能力?

4. 分析带传动滑动率曲线与传动效率曲线的关系。

5. 打滑首先发生在哪个带轮上？为什么？

6. 改变预紧力对带传动的承载能力将产生什么影响？

7. 试述带传动实验台主、从动带轮工作转矩的测试方法及带传动实验台的加载机理。

第4章

渐开线齿轮参数测量实验

实验目的

(1) 通过对渐开线直齿圆柱齿轮几何尺寸的测量，推算出渐开线直齿圆柱齿轮的基本参数。

(2) 加深了解渐开线齿轮各部分尺寸与参数之间的相互关系。

(3) 掌握渐开线直齿圆柱齿轮齿顶圆、齿根圆的测量方法。

(4) 掌握一对啮合齿轮中心距的测量方法。

4.1 实验用仪器和工具

本实验所用仪器和工具如下。

(1) 齿轮一对(齿数为奇数和偶数的各一个)。

(2) 游标卡尺(游标读数值不大于 0.05 mm)。

(3) 渐开线函数表、标准模数表(自备)。

(4) 计算工具(自备)。

实验用齿轮及游标卡尺如图 4.1 所示。

图 4.1 实验用齿轮及游标卡尺

4.2 实验内容

1. 测量数据

(1) 齿轮齿数 z。

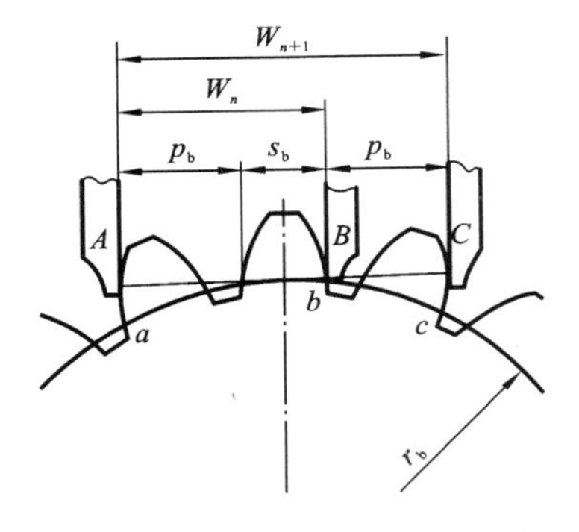

图 4.2 齿轮公法线长度测量示意图

(2) 公法线长度 W_n、W_{n+1}。

(3) 齿根圆直径 d_f。

(4) 齿齿轮孔径 d_k。

(5) 一对相啮合齿轮的实际测量中心距 a''。

其中,齿轮公法线长度测量示意图如图 4.2 所示。

2. 计算齿轮的基本参数

(1) 基圆齿距 p_b。

(2) 模数 m 。

(3) 分度圆压力角 α。

(4) 齿顶高系数 h_a^* 。

(5) 径向间隙系数 c^* 。

(6) 变位系数 x。

(7) 基圆齿厚 s_b。

(8) 中心距 a'。

(9) 啮合角 α'。

4.3 实验原理和方法

单个渐开线直齿圆柱齿轮的基本参数有齿数 z、模数 m、压力角 α、齿顶高系数 h_a^* 、径向间隙系数 c^* 、变位系数 x。

一对渐开线直齿圆柱齿轮啮合的基本参数有中心距 a'、啮合角 α'等。

渐开线齿轮的尺寸和各参数之间存在一定的对应关系,具体如下。

(1) 公法线长度与模数和压力角的关系。

由渐开线性质可知,齿廓间的公法线长度 AC 与所对应的基圆上的弧长$\overset{\frown}{ac}$相等,如图 4.2 所示。根据这一性质,分别跨过 n 个和 $n+1$ 个齿测出公法线长度 W_n 和 W_{n+1}。

由

$$\begin{cases} W_n=(n-1)p_b+s_b \\ W_{n+1}=np_b+s_b \end{cases} \tag{4.1}$$

得

$$p_b=W_{n+1}-W_n=\pi m\cos\alpha$$

求得基圆齿距 p_b后,可按下式算出模数:

$$m=\frac{p_b}{\pi\cos\alpha} \tag{4.2}$$

因为 m 和 α 都已标准化，而 α 可能是 20°，也可能是 15°，故将这两个 α 值分别代入式(4.2)算出两个模数，然后取模数接近标准模数的一组 m 和 α，即为被测齿轮的模数和压力角。

(2) 基圆齿厚与变位系数的关系。

如果被测齿轮是变位齿轮，变位系数 $x\neq0$，由于

$$r_b=\frac{1}{2}mz\cos\alpha$$

又因为

$$\begin{cases} s_b=s\cos\alpha+2r_b\text{inv}\alpha \\ s=\dfrac{\pi m}{2}+2xm\tan\alpha \end{cases}$$

所以有

$$x=\frac{\dfrac{s_b}{m\cos\alpha}-\dfrac{\pi}{2}-z\cdot\text{inv}\alpha}{2\tan\alpha}$$

(3) 齿根圆直径与齿顶高系数 h_a^* 和径向间隙系数 c^* 之间的关系。

齿根高 h_f 的计算公式为

$$h_f=m(h_a^*+c^*-x)$$

和

$$h_f=\frac{1}{2}(d-d_f)=\frac{mz-d_f}{2}$$

如果测量出齿根圆直径 d_f，仅 h_a^*、c^* 为未知，则可分别将 $h_a^*=1$，$c^*=0.25$ 和 $h_a^*=0.8$，$c^*=0.3$ 两组代入，符合等式的一组即为所求的值，进而便可确定 h_a^*、c^*。

(4) 中心距 a' 与啮合角 α' 的关系。

对于一对相啮合的齿轮，用上述方法分别确定它们的模数 m，压力角 α，变位系数 x_1、x_2 后，根据无侧隙啮合方程可以算出啮合角 α' 和中心距 a'。

$$\text{inv}\alpha'=\frac{2(x_1+x_2)}{z_1+z_2}\cdot\tan\alpha+\text{inv}\alpha \tag{4.3}$$

$$a'=\frac{1}{2}m(z_1+z_2)\frac{\cos\alpha}{\cos\alpha'} \tag{4.4}$$

实验时，可用游标卡尺直接测定这对齿轮的实际中心距 a''，并与计算中心距 a' 进行比较，从而得安装中心距误差 $a''-a'$ 的值。

4.4 实验步骤

(1) 从被测齿轮上数出齿轮的齿数，填入实验报告。

(2) 测量 W_n、W_{n+1}、d_f：对每一个尺寸测量三次，取平均值作为测量结果，并将数据填入实验报告。

提示

为了使游标卡尺的两个卡脚能与齿廓的渐开线部分相切，跨齿数 n 可按被测齿轮的齿数由下式计算：

$$n=\frac{\alpha}{180^\circ}z+0.5$$

或直接由表4.1查出。

表4.1　测量公法线时的跨齿数

齿轮齿数 z	12～18	19～27	28～36	37～45	46～54	55～63	64～72	73～81
跨齿数 n	2	3	4	5	6	7	8	9

对于齿根圆直径 d_f，偶数齿与奇数齿的测量方法是不同的：当齿数为偶数时，齿根圆直径 d_f 可以直接按图4.3所示的方法测量；当齿数为奇数时，齿根圆直径的测量方法如图4.4所示，计算公式为

$$d_f=d_k+2k$$

(3) 计算 m、α、x、h_a^*、c^*，将计算公式及计算值填入实验报告。

(4) 测量中心距 a''，并与计算值 a' 相比较，将安装中心距误差 $a''-a'$ 的值填入实验报告。

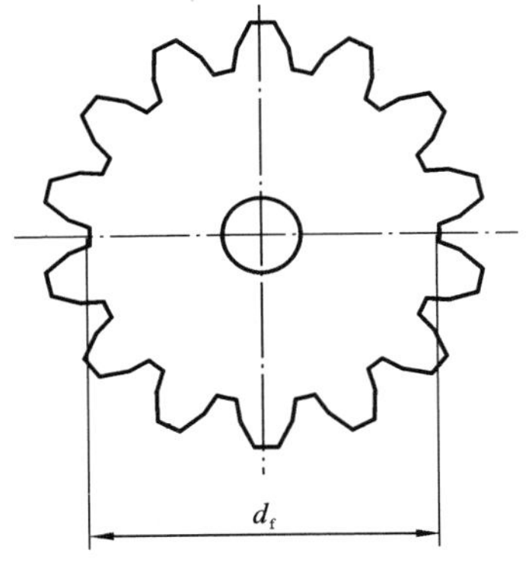

图4.3　齿数为偶数时齿根圆直径的测量示意图

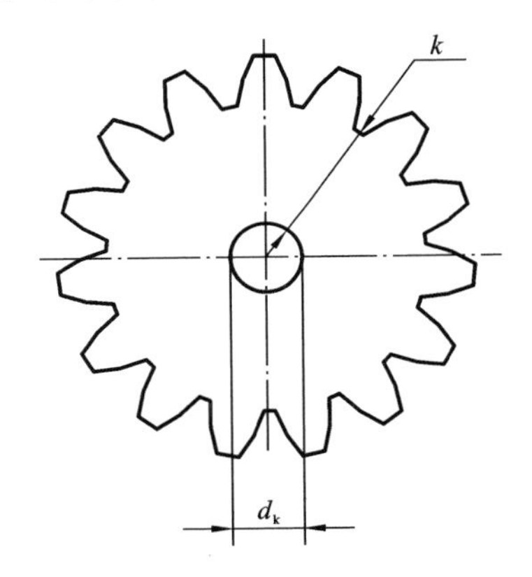

图4.4　齿数为奇数时齿根圆直径的测量示意图

4.5　齿轮测量技术的发展

齿轮测量技术有两类：一类是基于曲面上的点、线概念，用仪器形成理论轨迹，测量实际曲线上点的偏差；另一类是根据齿轮误差对性能的影响，通过测量工件和测量元件间的啮合运动偏差得出齿面几何误差信息。前一类测量方法称为点轨迹法，后一类测量方法称为啮合运动法。

第一代点轨迹法主要采用精密机械机构实现理论轨迹，由机械测微表测得误差。第二代点轨迹法引进计算机技术对测得的曲线进行分析，由光学仪器进行定位和调整，由电感测微仪等记录误差。第二代点轨迹法所用的典型仪器有3201渐开线检查仪、德国Klingelnberg生产的PWF250滚刀检查仪和瑞士MAAG生产的SP60齿轮检查仪等。第三代点轨迹法所采用的仪

器采用了 CNC 技术，如德国 Carl Zeiss 公司生产的 ZMC550 型齿轮测量中心，德国 Klingelnberg 公司生产生的 P 系列产品等，德国 Leitz 公司生产的三坐标测量仪，美国 M&M 公司生产的 3102 和 3025 系列产品，德国 Hofler 公司的 EMZ 和 ZME 系列产品。其中，德国 Klingelnberg 公司生产的 P300 数控齿轮检测中心如图 4.5 所示，德国 Leitz 公司生产的 PMM-G60.30.20 三坐标测量仪如图 4.6 所示。

图 4.5 德国 Klingelnberg 公司生产的 P300 数控齿轮检测中心

图 4.6 德国 Leitz 公司生产的 PMM-G60.30.20 三坐标测量仪

20 世纪 60 年代我国首创了间齿蜗杆单面啮合测试技术，后又提出齿轮啮合分离测试技术（运用于锥齿轮测量），开发出能测量齿形、齿向、齿距和切向综合误差的锥齿轮整体误差测量机，并推广到圆柱齿轮、蜗轮副测量中，形成了间齿式齿轮啮合检查仪系列产品。随着光电技术的进步，双啮仪出现，并逐步发展成齿轮自动分选机。这种分选机具有自动装料、清洗、测量尺寸、双啮测量和分选功能，并运用计算机进行统计分析，主要应用在汽车齿轮大批量生产线中。

随着齿轮测量仪器设备在测量原理、方法和手段、数据综合分析、反馈能力等方面的改进，齿轮测量技术已经成熟到可以实现在线进行测量，如图 4.7 和图 4.8 所示。齿轮测量技术的这一进步大大提高了齿轮的生产效率和一次成形的可靠度，减少了精密齿轮的损伤。

图 4.7　齿轮在线测量(一)

图 4.8　齿轮在线测量(二)

实验报告

姓名：______ 学号：______ 班级：______ 实验日期：______ 指导教师：______

一、测量和计算数据

将实验数据填入表 4.2 中。

表 4.2 渐开线齿轮参数测量实验数据记录表

齿轮编号											
项目		单位	测量数据			平均值	测量数据			平均值	计算公式
			1	2	3		1	2	3		
齿数 z											
跨齿数	n										
	$n+1$										
W_n											
W_{n+1}											
基圆齿距 p_b											
模数 m											
压力角 α											
基圆齿厚 s_b											
变位系数 x											
齿根圆直径 d_f											
齿轮孔径 d_k											
齿顶高系数 h_a^*											
径向间隙系数 c^*											
中心距 a'											
啮合角 α'											
实际测量中心距 a''			第 1 次测量值		第 2 次测量值		第 3 次测量值		第 4 次测量值		
安装中心距误差 $a''-a'$											

二、思考题讨论

1．决定齿廓形状的参数有哪些？

2．测量时，卡尺的卡脚放在齿廓渐开线部分的不同位置上，对所测定的 W_n 和 W_{n+1} 有无影响？为什么？

3．同一模数、齿数、压力角的标准齿轮的公法线长度是否相等？基节是否相等？为什么？

4．齿轮的哪一些误差会影响本实验的测量精度？

5．在测量齿根圆直径 d_f 时，偶数齿与奇数齿的齿轮在测量方法上有什么不同？

第5章

螺栓组及单螺栓连接实验

实验目的

（1）熟悉 LSC-Ⅱ螺栓组及单螺栓连接静、动态综合实验台的结构。

（2）掌握螺栓组载荷分布的测定方法。

（3）掌握静、动态情况下螺栓性能参数的测定方法。

（4）分析、比较理论计算结果与实测结果。

5.1 实验内容和实验设备

1. 实验内容

（1）螺栓组静载荷实验。

（2）单螺栓静载荷及动载荷实验。

2. 实验设备

螺栓组及单螺栓连接综合实验系统包括 LSC-Ⅱ螺栓组及单螺栓连接静、动态综合实验台（以下简称 LSC-Ⅱ螺栓综合实验台），静、动态电阻应变仪，示波器，装有本实验专用测试分析软件的计算机，打印机，电压表，电阻应变片，工作载荷加载吊耳及实验用螺栓。LSC-Ⅱ螺栓综合实验台如图 5.1 所示。它是一个把螺栓组实验装置与单螺栓性能测试实验装置组合在一起形成的综合实验平台。它的右半部分是螺栓组实验装置，左半部分是单螺栓性能测试实验装置。

图 5.1　LSC-Ⅱ螺栓综合实验台

5.2 LSC-Ⅱ螺栓综合实验台的结构工作原理

1. 螺栓组实验装置的结构和工作原理

螺栓组实验装置如图 5.2 所示。它的主体由托架 1 和支架 3 用螺栓 2(共 10 个)连接而成。图 5.3 说明了这 10 个螺栓的分布和编号。加载砝码的重力通过加力杠杆(放大 100 倍)传递到托架 1 上,使托架 1 受到一倾覆力矩 $\boldsymbol{M}$ 的作用,从而产生绕轴线 $O—O$ 翻转的趋势,这一翻转趋势会使每个螺栓的受力发生变化。在每个螺栓对称的两侧贴上电阻应变片(也可以在任一侧贴一片电阻应变片),通过电阻应变仪器和计算机测试分析软件就可以测得螺栓组的载荷大小及分布。电阻应变片的粘贴示意图如图 5.4 所示,电阻应变片与测试仪器相连,导线从图 5.2 所示的导线穿孔 5 穿出。

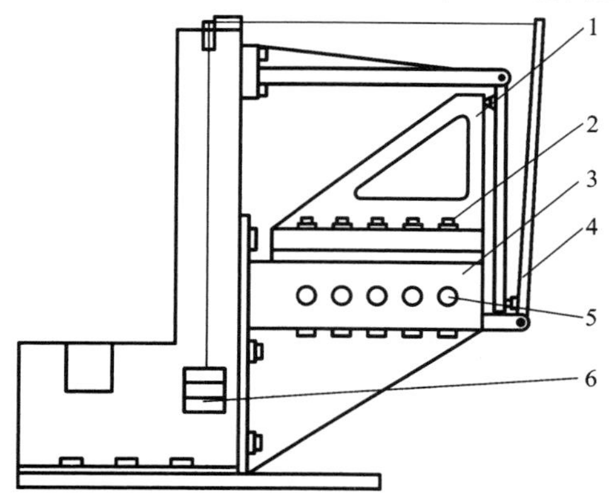

图 5.2 螺栓组实验装置的结构示意图

1—托架;2—螺栓;3—支架;4—加力杠杆组;5—导线穿孔;6—加载砝码

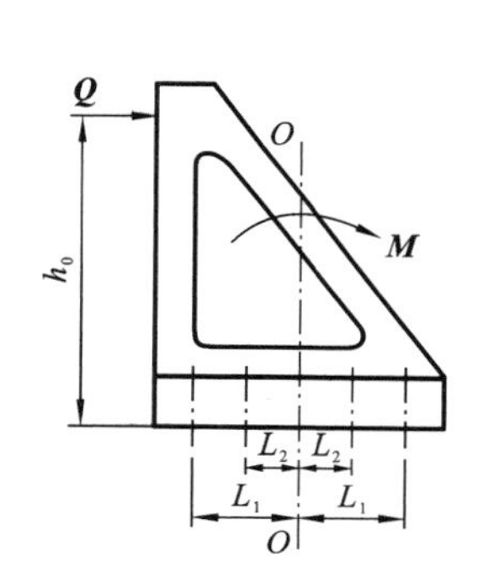

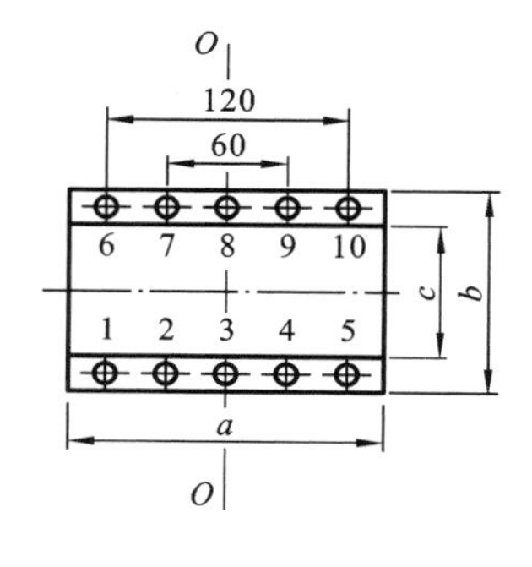

图 5.3 托架螺栓组螺栓分布示意图

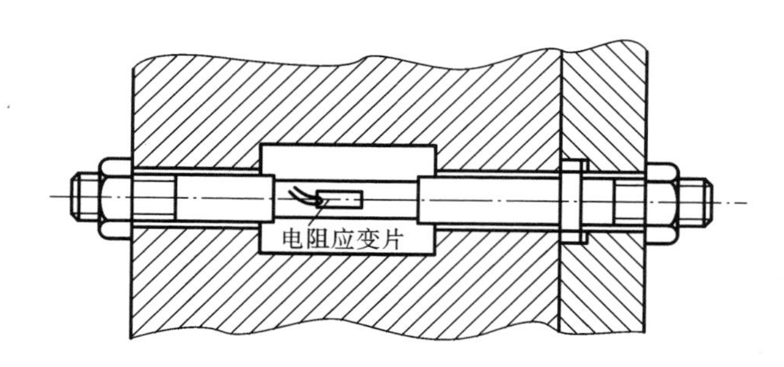

图 5.4 螺栓贴片示意图

提示

为了免除托架的自重影响，特意把托架设计成垂直放置，而在工程实际中托架水平放置较多见。

(1) 螺栓组中各螺栓工作载荷的计算。

加加载砝码后，加载砝码的重力通过加力杠杆组放大为力 $\boldsymbol{Q}$ 并作用在托架 1 上。在力 $\boldsymbol{Q}$ 的作用下，轴线 $O—O$ 左侧编号为 1、2、6、7 的螺栓进一步被拉伸，而右侧编号为 4、5、9、10 的螺栓被放松。编号为 i 的螺栓所受的工作载荷为

$$F_i = \frac{F_{\max}}{L_{\max}} L_i \tag{5.1}$$

式中，F_i 为编号为 i 的螺栓所受的工作载荷，$F_{\max}$ 为最大工作载荷，L_i 为编号为 i 的螺栓轴线到托架 1 底板轴线 $O—O$ 的距离，$L_{\max}$ 为 L_i 中的最大值。

螺栓中各个工作载荷 $\boldsymbol{F}_i$ 对托架底板产生的力矩之和与倾覆力矩 $\boldsymbol{M}$ 相平衡。

$$M = \sum_{i=1}^{10} F_i L_i \tag{5.2}$$

由图 5.3 可知，倾覆力矩 $M=Qh_0$，把式(5.1)代入式(5.2)，有

$$F_{\max} = \frac{ML_{\max}}{\sum_{i=1}^{10} L_i^2} = \frac{Qh_0 L_{\max}}{\sum_{i=1}^{10} L_i^2} \tag{5.3}$$

式中，Q 为托架受力点所受的力(N)，h_0 为托架受力点到接合面的距离(mm)。

由于本实验螺栓组中编号为 2、4、7、9 的螺栓距离底板的距离相同，所以我们统一用下标“2”来表示这些螺栓的参数。同样，对于本实验螺栓组中编号为 1、5、6、10 的螺栓的参数，我们统一用下标“1”来表示。综上，编号为 2、4、7、9 的螺栓的工作载荷表示为 $\boldsymbol{F}_2$，它们距离翻转轴线 $O—O$ 的距离表示为 L_2。同样，编号为 1、5、6、10 的螺栓的工作载荷为 $\boldsymbol{F}_1$，它们距离翻转轴线 $O—O$ 的距离为 L_1。本实验螺栓组中 F_1 就是 $F_{\max}$，L_1 就是 $L_{\max}$，从而由式(5.3)可得

$$F_1 = \frac{Qh_0 L_1}{4(L_1^2 + L_2^2)} \tag{5.4}$$

联合式(5.4)、式(5.1)可得

$$F_2 = \frac{Qh_0 L_2}{4(L_1^2 + L_2^2)} \tag{5.5}$$

(2) 螺栓预紧力的确定。

为了保证在载荷 $\boldsymbol{Q}$ 的作用下，托架 1 与支架 3 的接合面处不会因受压小而出现间隙，托架 1 与支架 3 接合面处挤压应力 σ_{P} 的最小值不能小于零，即

$$\sigma_{\mathrm{Pmain}} \approx \frac{zQ_{\mathrm{P}}}{A} - \frac{Qh_0}{W} \geqslant 0 \tag{5.6}$$

式中，Q_{P} 为单个螺栓的预紧力(N)，σ_{Pmin} 为托架 1 与支架 3 接合面在未加载荷 $\boldsymbol{Q}$ 前由于预紧力而产生的最小挤压应力。

$$\sigma_{\mathrm{P}} = \frac{zQ_{\mathrm{P}}}{A}$$

式中：z 为螺栓个数，$z=10$；A 为托架 1 与支架 3 接合面的面积；W 为接合面的抗弯截面模量。

$$Q = \frac{a^2(b-c)}{6} \tag{5.7}$$

因此，

$$Q_{\mathrm{P}} \geqslant \frac{6Qh_0}{za} \tag{5.8}$$

为了安全性，可以取一个安全系数，即

$$Q_{\mathrm{P}} = (1.25 \sim 1.5)\frac{6Qh_0}{za} \tag{5.9}$$

(3) 螺栓组各螺栓工作载荷的实际测量。

翻转轴线 $O-O$ 以左的螺栓 1、2、6、7 被进一步拉伸，它们的轴向拉力增大，各螺栓上的总拉力为

$$Q_i = Q_{\mathrm{P}} + F_i \frac{C_{\mathrm{b}}}{C_{\mathrm{b}} + C_{\mathrm{m}}} \tag{5.10}$$

即

$$F_i = (Q_i - Q_{\mathrm{P}})\frac{C_{\mathrm{b}} + C_{\mathrm{m}}}{C_{\mathrm{b}}} \tag{5.11}$$

翻转轴线 $O-O$ 以右的螺栓 4、5、9、10 被放松，它们的轴向拉力减小，各螺栓上的总拉力为

$$Q_i = Q_{\mathrm{P}} - F_i \frac{C_{\mathrm{b}}}{C_{\mathrm{b}} + C_{\mathrm{m}}} \tag{5.12}$$

即

$$F_i = (Q_{\mathrm{P}} - Q_i)\frac{C_{\mathrm{b}} + C_{\mathrm{m}}}{C_{\mathrm{b}}} \tag{5.13}$$

式中，C_{b} 为螺栓的刚度，C_{m} 为被连接件的刚度，$\frac{C_{\mathrm{b}}}{C_{\mathrm{b}} + C_{\mathrm{m}}}$ 为螺栓的相对刚度。

为了测得螺栓上所受的力，本实验在螺栓组每个螺栓上都贴有电阻应变片，由材料力学可知

$$\varepsilon = \frac{\sigma}{E} \tag{5.14}$$

式中，ε 为应变量；σ 为应力(MPa)；E 为材料的弹性模量，对于钢制螺栓，取 $E = 2.06 \times 10^5$ MPa。

螺栓预紧后的应变量为

$$\varepsilon_{\mathrm{P}} = \frac{\sigma_{\mathrm{P}}}{E} = \frac{4Q_{\mathrm{P}}}{\pi E d^2} \tag{5.15}$$

则

$$Q_{\mathrm{P}} = \frac{\pi E d^2}{4}\varepsilon_{\mathrm{P}} = K\varepsilon_{\mathrm{P}} \tag{5.16}$$

当螺栓受载后，第 i 个螺栓上的总应变量为

$$\varepsilon_i = \frac{\sigma_i}{E} = \frac{4Q_i}{\pi E d^2} \tag{5.17}$$

则

$$Q_i = \frac{\pi E d^2}{4}\varepsilon_i \tag{5.18}$$

式中，d 为螺栓的直径(mm)。

把式(5.16)、式(5.18)代入式(5.11)、式(5.13)即可得到各个螺栓上的实测工作力。翻转轴线 $O-O$ 以左的螺栓 1、2、6、7 的工作拉力为

$$F_i = K\frac{C_b + C_m}{C_b}(\varepsilon_i - \varepsilon_P) \tag{5.19}$$

翻转轴线 $O—O$ 以右的螺栓 4、5、9、10 的工作拉力为

$$F_i = K\frac{C_b + C_m}{C_b}(\varepsilon_P - \varepsilon_i) \tag{5.20}$$

2. 单螺栓性能测试实验装置的结构及工作原理

单螺栓性能测试实验装置即图 5.1 所示实验台的左半部分，它的结构示意图如图 5.5 所示。被测单螺栓 2 一端连接在吊耳 6 上，另一端用紧固螺母 1 与机座 11 相连。电机 8 的轴上装有偏心轮 9。加力杠杆 7 套在吊耳 6 中，一端支承在偏心轮上，另一端连接在调整螺杆 4 上。

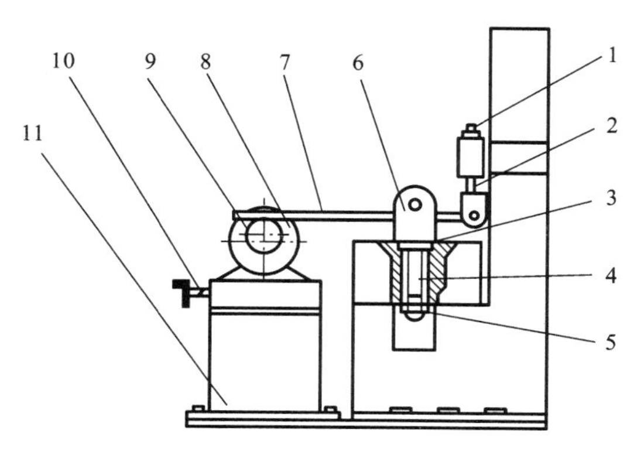

图 5.5 单螺栓性能测试实验装置的结构示意图

1—紧固螺母；2—单螺栓（被测）；3—垫片；4—调整螺杆；5—调整螺母；6—吊耳；
7—加力杠杆；8—电机；9—偏心轮；10—调节丝杆；11—机座

旋动调整螺母 5，可调整调整螺杆 4 与加力杠杆 7 的位置，使得吊耳 6 受拉伸载荷的作用。电机轴带动偏心轮 9 转动，使吊耳和被测单螺栓 2 上受到一个周期性变化的拉力，调节调节丝杆 10 可以改变电机 8 的位置，从而改变被测单螺栓 2 上拉力的幅值。

改变吊耳 6 下垫片 3 的材料，可以改变螺栓连接的相对刚度。被测单螺栓 2 和吊耳 6 上贴有电阻应变片，当被测单螺栓 2 的受力发生变化时，通过电阻应变片用电阻应变仪便可测得被测单螺栓 2 所受的载荷。

> **提示**
>
> 电阻应变仪：系统连接后接通电源，对电阻应变仪进行预热后再调平衡。
>
> LSC-Ⅱ螺栓组及单螺栓综合实验仪：系统正确连接后打开实验仪电源，预热 5 min 以上再进行较零等实验操作。

5.3 实验方法与步骤

1. 螺栓组静载荷实验

（1）在不加任何预紧力的状态下，将实验台螺栓组各螺栓上电阻应变片的连接线（1～10 号线）接到电阻应变仪的预调平衡箱上，并按电阻应变仪使用说明书进行预调（预热并调零）。

(2) 由式(5.9)计算每个螺栓所需的预紧力 Q_P,并由式(5.15)计算出螺栓的预紧应变量 ε_P,并把数值填入实验报告中表 5.1 中。

(3) 按式(5.4)、式(5.5)计算每个螺栓的工作拉力 F_i,将结果填入实验报告中表 5.1 中。

(4) 对螺栓组每个螺栓进行预紧,各螺栓应交叉预紧,使各螺栓预紧应变量约为 ε_P。为使每个螺栓中的预紧力尽可能一致,必须反复调整 2~3 次。

(5) 对螺栓组连接进行加载,加载到 3 500 N,其中加载砝码连同挂钩的质量为 3.754 kg。停歇 2 min 后,卸去载荷,然后加上载荷,在电阻应变仪上读出每个螺栓的应变量 ε_i,并填入实验报告中表 5.2 中。反复进行 3 次,取 3 次测量值的平均值作为实验结果。

(6) 画出实测的螺栓应力的分布图。

2. 单个螺栓实验

1) 单个螺栓静载荷实验

(1) 旋转调节丝杆 10 的手柄,使小溜板移动至最外侧位置。

(2) 旋转紧固螺母 1,预紧被测单螺栓 2,使预紧应变量为 $\varepsilon_1=500\ \mu\varepsilon$。

(3) 旋动调整螺母 5,使吊耳 6 上的电阻应变片产生 $\varepsilon=50\ \mu\varepsilon$ 的恒定应变量。

(4) 采用不同弹性模量的材料制成的垫片重复上述步骤,记录螺栓总应变量 ε_0。

(5) 用下式计算相对刚度 C_e,并做不同垫片结果的比较分析。

$$C_b=\frac{\varepsilon_0-\varepsilon_1}{\varepsilon}\frac{A'}{A}$$

式中:A 为吊耳测应变的截面面积,本实验中 A 为 224 mm^2;A'为被测单螺栓 2 螺杆测应变的截面面积,本实验中 A'为 50.3 mm^2。

2) 单个螺栓动载荷实验

(1) 安装好吊耳 6 下的钢制垫片。

(2) 预紧被测单螺栓 2,使预紧应变量仍为 $\varepsilon_1=500\ \mu\varepsilon$。

(3) 调整偏心轮到最低点,并通过旋动调整螺母 5,使吊耳应变量 $\varepsilon=5\sim10\ \mu\varepsilon$。

(4) 启动电机来驱动偏心轮,通过加力杠杆 7 给被测单螺栓 2 加载。

(5) 分别将 11 号线、12 号线信号接入示波器,并根据测得波形读出被测单螺栓 2 的应力幅值和动载荷幅值,也可用电压表读出幅值。

(6) 取下吊耳 6 下的钢制垫片,换上环氧垫片,并移动电机位置以调节动载荷大小,使动载荷幅值与用钢制垫片时一致。

(7) 读出此时被测单螺栓 2 的应力幅值和动载荷幅值。

(8) 比较、分析采用不同垫片时被测单螺栓 2 应力幅值与动载荷幅值的变化。

(9) 卸去实验装置的所有载荷。

5.4 螺纹连接的类型、发展及在工程实际中的使用

螺纹连接的基本类型有螺栓连接、双头螺柱连接、螺钉连接、紧定螺钉连接。螺纹连接除这四种基本的类型外,还有相对专用的地脚螺栓连接、吊环螺栓连接、T 形槽螺栓连接等。目前,在一些工程实际场合中,使用化学螺栓的优势尤为突出。化学螺栓克服了地脚螺栓需要预埋、需要浇筑水泥地基、工期较长的缺点,具有锚固力强、形同预埋、安装快捷、凝固迅速、节省施工

时间、安装后无膨胀应力等优点。

随着机械工业的发展，生产实际中对螺栓的强度提出了更高的要求。例如，汽车发动机上用的螺栓就承受着高强的交变应力，所以高强度螺栓的使用是提高汽车质量的标志之一。随着钢铁材料科学的研究取得了巨大的成就，人们开发出了一系列的新型高强度螺栓用钢，且这种钢在国内外都有一定的生产量，为生产高强度螺栓提供了保障。目前人们正在进行超高强度螺栓钢材的研究及生产，以满足工业实际的需求。

实验报告

姓名：______ 学号：______ 班级：______ 实验日期：______ 指导教师：______

已知数据 $Q=3\ 500$ N；$h_0=210$ mm；$L_1=30$ mm；$L_2=60$ mm；$a=160$ mm；$b=105$ mm；$c=55$ mm。

一、螺栓组静载荷实验数据记录

计算螺栓上的预紧力及工作拉力，并将数据填入表 5.1 中。

表 5.1 螺栓上的预紧力及工作拉力计算结果

项目	螺栓号									
	1	2	3	4	5	6	7	8	9	10
螺栓预紧力 Q_P										
螺栓预紧应变量 ε_P										
螺栓工作拉力 F_i										

测量螺栓上的总应变量和工作拉力，并将数据填入表 5.2 中。

表 5.2 螺栓上的受力实测结果

项目		螺栓号									
		1	2	3	4	5	6	7	8	9	10
螺栓总应变量	第一次测量										
	第二次测量										
	第三次测量										
	平均数										
工作拉力 F_i											

二、单螺栓实验数据记录

1. 单个螺栓静载荷实验

$\varepsilon_1=$______；$\varepsilon_{(吊耳)}=$______。

测量相对刚度，并将数据填入表 5.3 中。

表 5.3 相对刚度测量结果

垫片	钢制垫片	环氧垫片
ε_i		
相对刚度 C_b		

2. 单个螺栓动载荷实验

进行单个螺栓动载荷实验，并将数据记入表 5.4 中。

表 5.4 单个螺栓动载荷实验数据

垫片		钢制垫片	环氧垫片
ε_i			
动载荷幅值/mV	示波器		
	电压表		
应力幅值/mV	示波器		
	电压表		

三、实测的螺栓应力的分布图绘制

四、思考题讨论

1. 翻转中心不在 3 号、8 号螺栓位置，说明什么问题？

2. 被连接件刚度与螺栓刚度的大小对螺栓的动态应力分布有何影响?

3. 理论计算结果和实验所得结果之间的误差,是由哪些原因引起的?

第6章

轴系分析与结构创意设计实验

实验目的

(1) 掌握轴上零件的定位与固定方法。

(2) 熟悉常用轴承的类型、布置方法、安装方法、调整方法，以及润滑方式和密封方式。

(3) 了解轴系的结构特点，掌握轴、轴上零件的结构形状、作用、工艺要求和装配关系，掌握轴结构设计和轴承组合设计的方法。

6.1 实验内容及实验设备和工具

1. 实验内容

(1) 分析轴系的结构并测绘轴系。

(2) 设计支承圆柱齿轮的轴系的结构。

(3) 设计支承圆锥齿轮的轴系的结构。

(4) 设计支承蜗杆的轴系的结构。

2. 实验设备和工具

(1) 组合式轴系结构设计分析实验箱：如图6.1所示，包括能进行减速器圆柱齿轮轴系、小圆锥齿轮轴系和蜗杆轴系结构设计实验的全套零件。

(2) 测量及绘图工具：300 mm钢板尺、游标卡尺、内外卡钳、铅笔、三角板等。

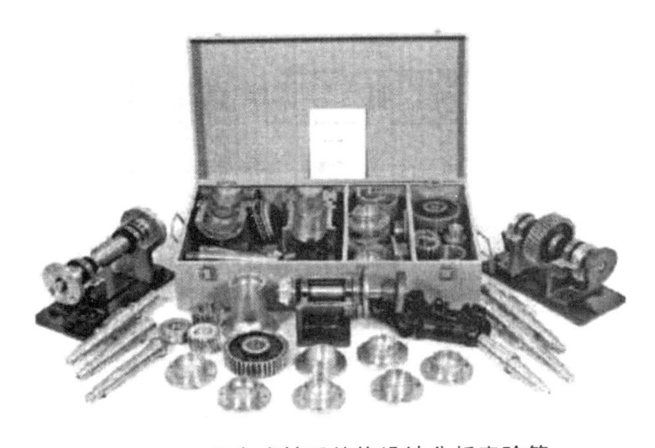

图6.1 组合式轴系结构设计分析实验箱

6.2 实验原理

不同的装配方案对应不同的轴结构形式，如图 6.2 所示。初定轴的直径时，轴支反力的作用点未知，因而不能决定弯矩的大小和分布情况，只能按扭矩初步估算轴直径的大小，轴直径的最小值 d_{min} 确定后，按拟定的装配方案，从 d_{min} 处逐一确定各段长度及直径。各轴段长度根据零件与轴配合部分的轴向尺寸，并考虑安装零件的位移和留有适当的调整间隙等确定。滚动轴承的型号根据齿轮的类型选择。滚动轴承的轴向固定方式或为两端固定，或为一端固定、一端游动。

(a) 支承圆柱齿轮

(b) 支承圆锥齿轮

(c) 支承蜗杆

图 6.2　不同的装配方案举例

6.3 实验步骤

(1) 按表 6.1 给出的条件设计轴系结构，绘出轴系结构方案示意图。

表 6.1　设计轴系结构已知条件

实验题号	已知条件				
	齿轮类型	载荷	转速	其他条件	示意图
1	小直齿轮	轻	低		60　60　70
2		中	高		
3	大直齿轮	中	低		
4		重	中		
5	小斜齿轮	轻	中		60　60　70
6		中	高		
7	大斜齿轮	中	中		
8		重	低		
9	小锥齿轮	轻	低	锥齿轮轴	70　82　30
10		中	高	锥齿轮与轴分开	

续表

实验题号	已知条件				
	齿轮类型	载荷	转速	其他条件	示意图
11	蜗杆	轻	低	发热量小	
12		重	中	发热量大	

(2) 选择相应的零件,按装配工艺要求顺序将零件装到轴上,完成轴系结构设计。

(3) 检查轴系结构设计是否合理,并对不合理之处进行修改。

(4) 测绘各零件的实际结构尺寸。

(5) 按 1∶1 比例完成轴系结构设计装配图。

(6) 将实验零件放回箱内,并排列整齐;将工具放回原处。

提示

装配图要注明必要的尺寸,如支承跨距、齿轮直径与宽度、主要配合尺寸。

实验报告

姓名：______ 学号：______ 班级：______ 实验日期：______ 指导教师：______

分析图 6.3 至图 6.9 所示轴系结构(简要说明轴上零件的定位与固定方式，滚动轴承的安装方法、调整方法、润滑方式与密封方式等)。

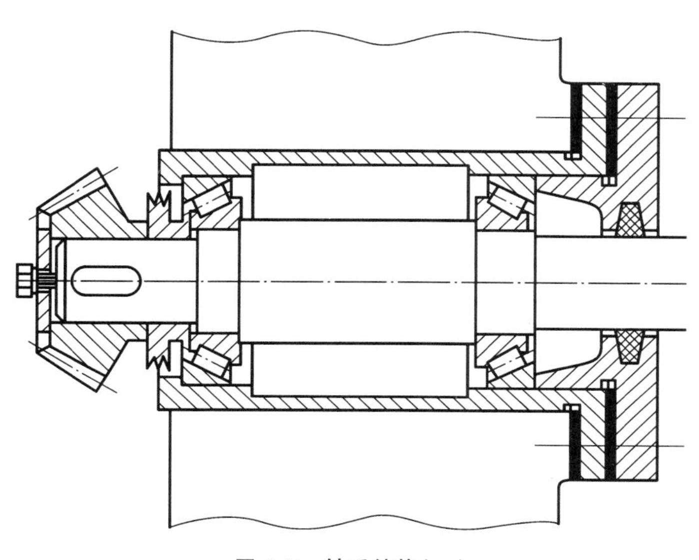

图 6.3 轴系结构(一)

分析：

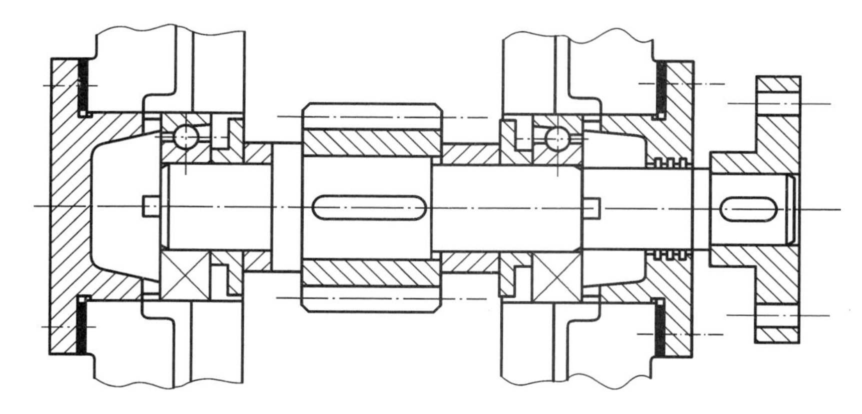

图 6.4　轴系结构(二)

分析：

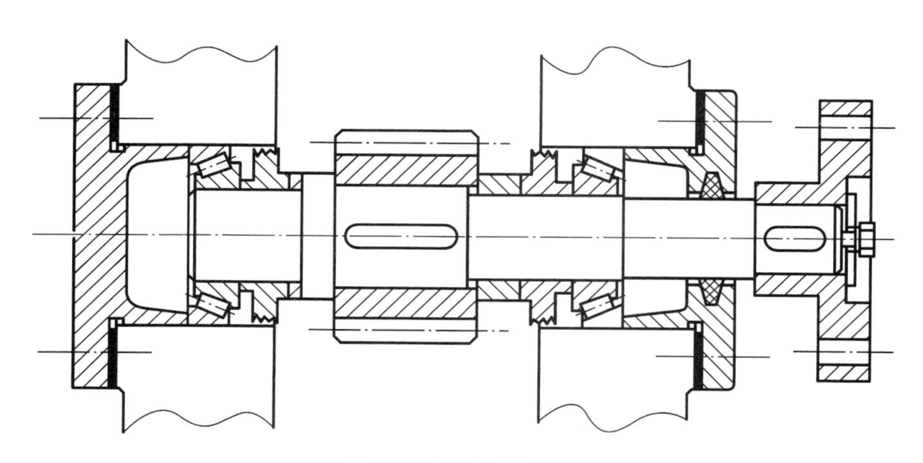

图 6.5　轴系结构(三)

分析：

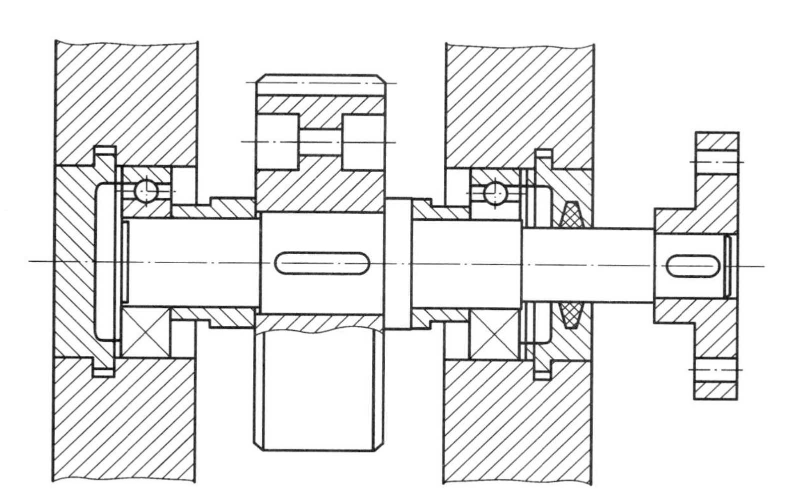

图 6.6 轴系结构(四)

分析：

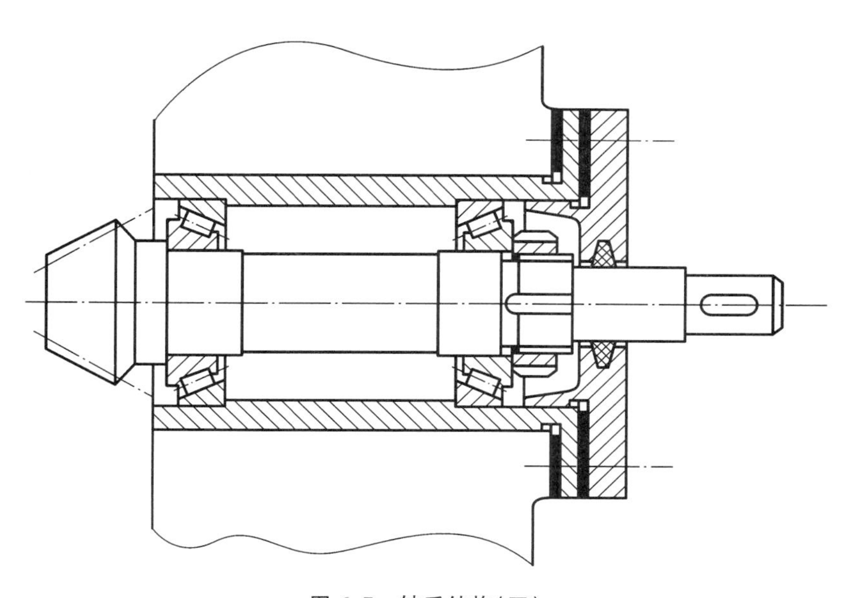

图 6.7 轴系结构(五)

分析：

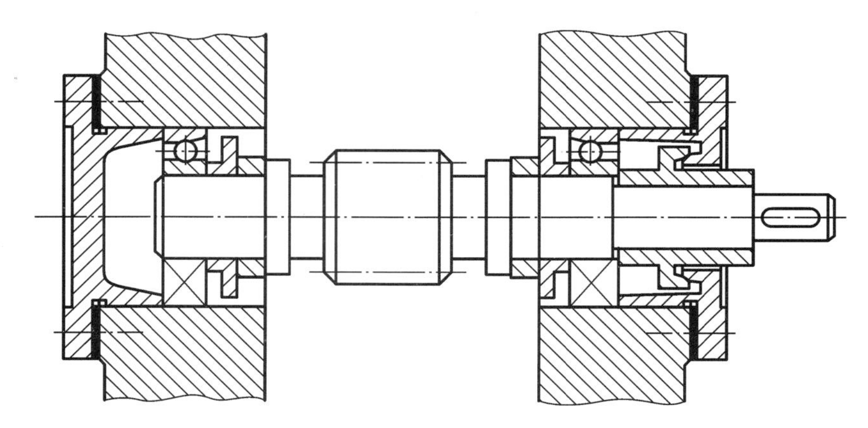

图 6.8　轴系结构(六)

分析：

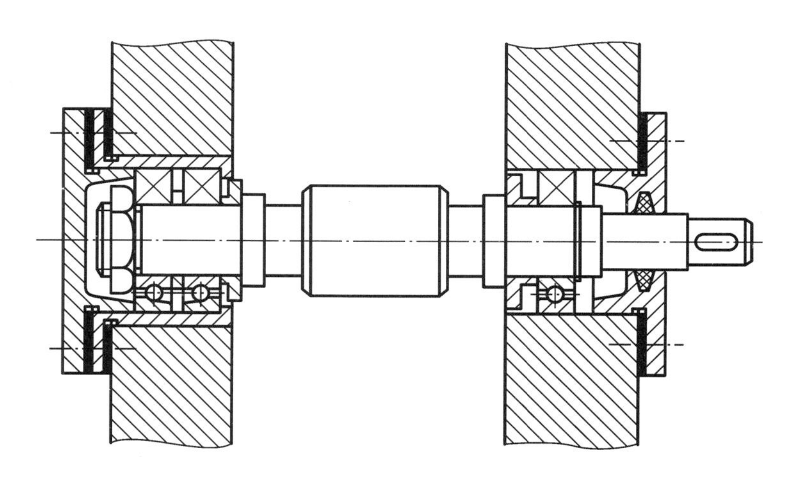

图 6.9　轴系结构(七)

分析：

第7章

减速器装拆实验

实验目的

(1) 熟悉减速器的外形、结构以及拆装和调整过程。

(2) 了解减速器箱体、轴和齿轮等的结构。

(3) 明确传动零件、支承零件及连接零件间的装配关系。

(4) 了解减速器各种附件的作用、构造和安装位置。

(5) 测绘低速轴和轴上零件,培养对零件尺寸的目测和测量能力。

减速器是由一系列齿轮组成的减速传动装置,是机械装置中应用最普遍的传动机构之一,广泛应用于国民经济建设的各个领域。图7.1所示为轿车中的减速器和差速器。作为原动机与工作机之间的机械传动部件,减速器用来降低转速,并相应地增大扭矩。常用的减速器如图7.2所示。

图7.1 轿车中的减速器和差速器(齿轮变速装置)

(a) 圆柱齿轮减速器

(b) 圆锥齿轮减速器

(c) 摆线齿轮减速器

图7.2 常用的减速器

齿轮减速器的特点是效率高、工作耐久、维护简便。常用的齿轮减速器有单级圆柱齿轮减速器、单级圆锥齿轮减速器、两级圆柱齿轮减速器、两级圆锥圆柱齿轮减速器等。在齿轮减速器中，蜗轮蜗杆减速器在外廓尺寸不大的情况下，可以获得较大的传动比，工作平稳，噪声较小，但效率较低。蜗轮蜗杆减速器主要用于功率小、传动比很大而结构紧凑的场合。

类似地，也可由一系列齿轮组成增速传动装置，即增速器，如图 7.3 所示的风电齿轮箱。

图 7.3　风电齿轮箱(增速器)

7.1　减速器的结构

这里以单级圆柱齿轮减速器为例介绍减速器的结构。

1. 减速器的组成

单级圆柱齿轮减速器实物图如图 7.4 所示，组成如图 7.5 所示。

图 7.4　单级圆柱齿轮减速器实物图

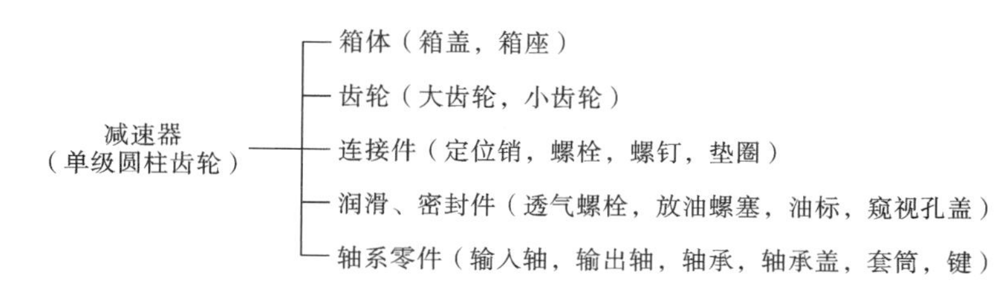

图 7.5　单级圆柱齿轮减速器的组成

1）箱体

箱体是减速器的主要零件之一，它的刚度和配合表面的加工精度直接影响整个减速器的性能。为了拆装方便，箱体常使用剖分式结构，并用螺栓将箱座与箱盖连成整体。箱体通常采用灰铸铁或铸钢铸造(实验所拆装减速器为铸铝箱体)。为了保证箱体的刚度,常在箱体外制出加强筋。为了便于拔模,箱体的凸台、加强筋等部位有一定的锥度,如图7.6、图7.7所示。

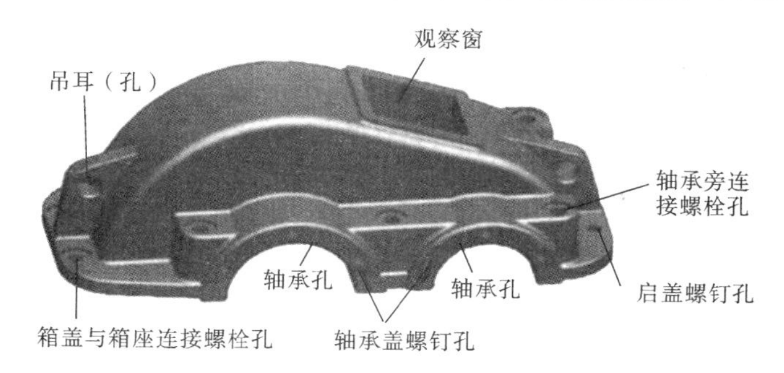

图7.6 单级圆柱齿轮减速器的箱盖

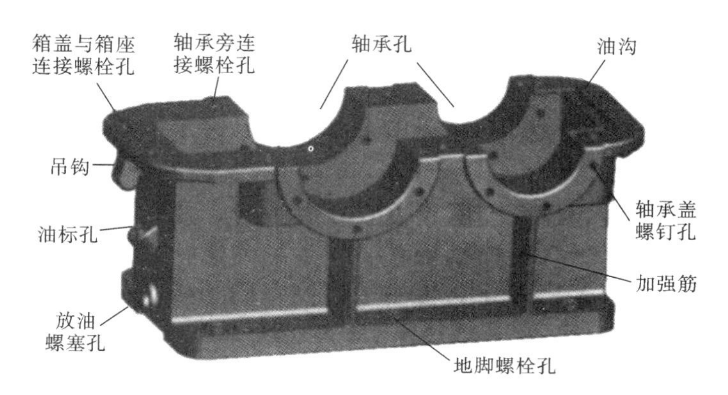

图7.7 单级圆柱齿轮减速器的箱座

减速器的箱座与箱盖由若干螺栓连接,箱座与底座由地脚螺钉连接,轴承盖与箱体由螺栓连接。布置螺纹孔时,应留有足够的扳手空间。

2) 轴及齿轮

轴和轴上零件有准确的工作位置,且轴上零件便于装拆和调整、受力合理,轴在结构上应尽量减少应力集中。减速器中的底速轴如图7.8所示。

齿轮与轴之间通过键连接来传递扭矩。当齿轮的齿根圆直径接近轴直径时,齿轮与轴做成一体,如图7.9所示。

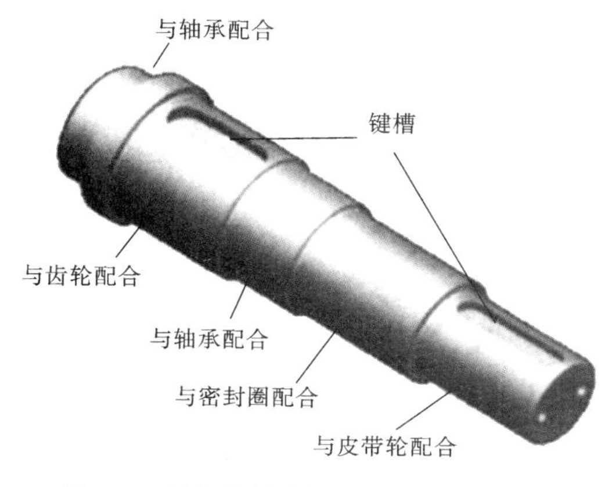

图7.8 单级圆柱齿轮减速器中的低速轴

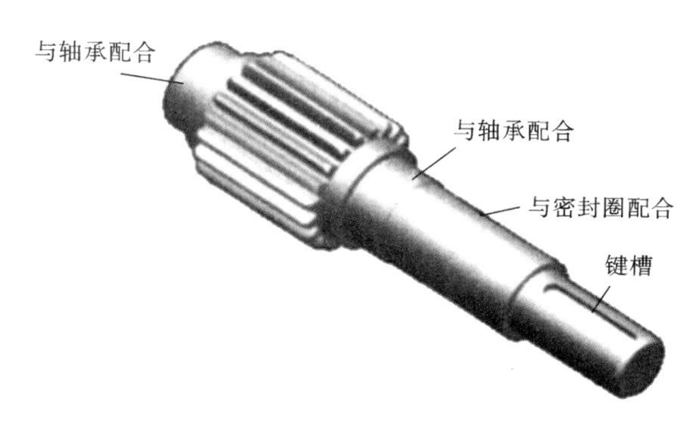

图7.9 单级圆柱齿轮减速器中的齿轮轴(高速轴)

提示

装、拆轴上零件时，留意各个配合部位，特别是与轴承配合的紧密程度。

3）主要附件

（1）放油螺塞。

放油螺塞设在箱座下侧面，用于换油、排除油污和清洗减速器内腔时放油。设计时，必须保证箱座内底面高于放油螺塞孔，以便排尽油。

（2）油标。

油标用于检查减速器内润滑油的油面高度。除油标尺外，还有圆形油标、管状油标和长形油标。油标一般放在低速级油液位平稳之处。设计时，应保证油标高度适中，并防止油标与箱座边缘和吊钩干涉。

（3）窥视孔。

窥视孔设在箱盖顶部，用来观察、检查齿轮的啮合和润滑情况，润滑油也由此孔注入。窥视孔的大小视减速大小而定，一般应保证能将手伸入箱内进行操作，检查和观察啮合处。

（4）通气孔。

减速器每次工作一段时间后，温度会逐渐升高，这将引起箱内空气膨胀，油蒸气由通气孔及时排出，可使箱体内外压力一致，从而保证箱体密封不致被破坏。

（5）启盖螺钉。

因在箱盖与箱座连接凸缘的接合面上通常涂有密封胶，所以拆卸箱盖较困难。只要拧动启盖螺钉，就可以顶起箱盖。启盖螺钉下端应做有圆弧头，以免损坏箱座凸缘剖分面。

（6）定位销。

为保证箱体轴承座孔的镗削和装配精度，在加工时，要先将箱盖和箱座用两个圆锥销定位，并用连接螺栓紧固，然后镗削轴承孔。在以后的安装中，也由销进行定位。通常采用两个销，并在箱盖和箱座连接凸缘上沿对角线布置，两销的间距应尽量大些。

（7）吊钩。

吊钩用来吊运整台减速器，与箱座铸成一体。

（8）吊环螺钉或吊耳。

吊环螺钉或吊耳用螺纹与箱盖连接，仅供生产或拆装过程中搬运箱盖时使用。

（9）轴承盖。

轴承盖用于轴承的轴向定位和密封箱体，如图 7.10 所示。

2. 减速器的润滑与密封

1）齿轮、蜗杆的润滑

减速器中的齿轮、蜗杆一般用油润滑。

2）滚动轴承的润滑

对于减速器中的滚动轴承，当浸油齿轮的圆周速度 $v<2$ m/s 时采用脂润滑；当浸油齿轮的圆周速度 $v\geqslant 2$ m/s 时，可采用飞溅润滑。飞溅润滑的原理是：飞溅到箱盖壁的润滑油沿壁面流入箱体凸缘分箱面上的油沟（油槽）内，汇集而流到轴承室中，从而润滑滚动轴承。

当滚动轴承采用脂润滑时，箱体凸缘分箱面上无油沟（油槽），并且滚动轴承靠近箱盖壁内侧需加封油环（挡油环）。

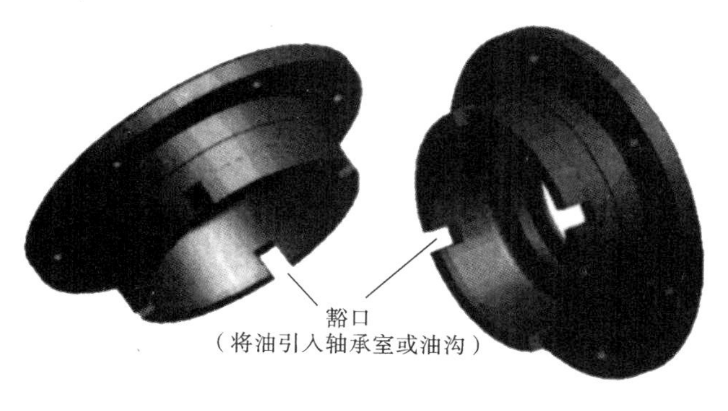

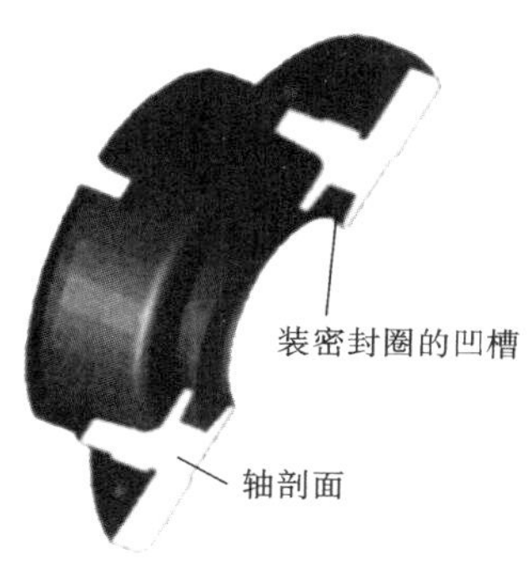

图 7.10 单级圆柱齿轮减速器中的轴承盖

当滚动轴承采用飞溅润滑时，箱体凸缘剖分面上开有油槽，箱盖壁内侧的接合面上留有斜形空间，以便箱盖壁面上的油流入油槽中，轴承盖端部加工有四个豁口，以便润滑油流入轴承室，进行润滑。

端盖(轴承盖)与箱体间的垫片可以调整轴向间隙。

注意：无论轴承用何种润滑方式，当齿轮(尤其是斜齿轮)的齿顶圆直径小于轴承孔时，都需要在齿轮较接近箱盖壁的一侧(或两侧)加挡油环，以避免齿轮甩出的油直接冲击滚动轴承，增加滚动轴承运转损耗。

3) 密封

轴的外伸端与轴承盖之间常采用毛毡密封圈密封。在轴承的透盖中开有安放密封圈的凹槽，其中嵌有密封圈。

为了防止润滑油泄漏，箱盖与箱座的接合面涂有密封胶，并且箱盖与箱座用螺栓连接。此外，放油螺塞、观察孔盖与箱体之间也都加有密封垫片。

7.2 实验设备

(1) 单级圆柱齿轮减速器(见图 7.4)。

(2) 单级圆锥齿轮减速器(见图 7.11)。

(3) 两级圆柱齿轮减速器(见图 7.12)。

(4) 两级圆锥圆柱齿轮减速器(见图 7.13)。

(5) 单级蜗轮蜗杆减速器(见图 7.14)。

图 7.11　单级圆锥齿轮减速器

图 7.12　两级圆柱齿轮减速器

图 7.13　两级圆锥圆柱齿轮减速器

图 7.14　单级蜗轮蜗杆减速器

7.3 实验步骤

（1）拆卸前先观察减速器的外貌、输入轴和输出轴的位置、各种附件的位置和特点及功用。正反转动高速轴，用手感觉齿轮啮合侧隙。轴向移动高速轴和低速轴，用手感觉轴承的轴向游隙。

（2）取下定位销，拆去箱盖与箱座连接螺栓，再旋下启盖螺钉，拆去箱盖。

（3）观察轴系零件的相互位置、定位和固定方式、润滑方式、密封方式等，然后取下轴系部件。

（4）卸下轴系部件上的各个零件：齿轮（或蜗轮）、轴承、套筒、挡油环等。

（5）训练目测水平。先估测齿轮（或蜗轮）的齿数、直径、宽度、中心距（或锥距），轴各段的直径，再用量具测量上述尺寸，并记下滚动轴承的型号。

（6）绘制低速轴及轴上零件的结构草图。

（7）将各零件擦拭干净，按顺序装回。

（8）装配完毕后，用手转动高速轴，保证转动灵活。

（9）经教师检查完毕，方可离开实验室。

提示

（1）仔细观察零部件的结构和位置，考虑好合理的拆装顺序。

（2）部件拆下后要排放整齐，不要乱放，尤其是轴上零件，避免丢失、损坏。

（3）正确使用工具，特别是拆装滚动轴承时一定要均匀施力于滚动轴承的内圈。

（4）切勿用榔头直接敲打滚动轴承的外圈，可使用轴承拆装器拆装滚动轴承。

（5）爱护设备，防止碰坏箱体外的油漆。

7.4 减速器的发展

1. 世界齿轮产品发展的五大趋势

（1）高速化。

（2）小型化。

（3）低噪声。

（4）高效率。

（5）高可靠度。

2. 世界齿轮制造技术的发展

（1）硬齿面齿轮技术日趋成熟。

（2）功率分支技术日趋成熟。

（3）模块化设计技术日益推广。

3. 国内与国际先进水平的差距

(1) 技术装备水平低,开发能力弱。

(2) 产品技术含量低,质量不稳定。

(3) 市场营销与售后服务体系不够健全。

(4) 生产集中度低,规模效益差。

实验报告

姓名:______ 学号:______ 班级:______ 实验日期:______ 指导教师:______

一、绘制装配图的俯视图(草图)

二、思考题讨论

1. 圆锥圆柱齿轮减速器为什么把圆锥齿轮放在高速级?

2. 箱体上的加强筋起什么作用?

3. 箱座连接的凸缘为什么在轴承两侧要比其他地方高?

4. 箱座有吊钩(或吊环),为什么箱盖还设有吊耳?

5. 箱盖与箱座连接螺栓处为什么做成凸面或沉孔平面?

6．箱盖与箱座连接螺栓及地脚螺栓处的凸缘宽度受何因素影响？

7．你所拆装的减速器的齿轮和滚动轴承各是用什么方式润滑的？油池的油面应在什么位置？为什么有的轴承孔内侧设有挡油环？

8．吊环螺钉、启盖螺钉、定位销、油封、放油螺塞、窥视孔、通气孔各起什么作用？各应安排在什么位置？

9．轴承盖和箱体剖分面用什么方法密封？

10. 轴承游隙、锥齿轮啮合间隙是怎么调整的?

11. 高速轴和低速轴上的齿轮齿顶圆距箱体内侧的距离是否相同?为什么?

12. 减速器箱盖与箱座间的螺栓连接属何种类型?为什么?

13. 为什么有的箱盖与箱盖的接合面上开有油槽,有的没有?

14. 为什么有的轴承盖上开有四个豁口?

15. 既然滚动轴承旁已有螺栓连接,为什么箱体两侧凸缘还要用螺栓连接?

16. 为什么滚动轴承采用飞溅润滑,有的齿轮端面仍要加挡油环?

17. 设计箱体时,如何保证螺栓的扳手空间?

18. 为什么小齿轮往往做得比大齿轮宽一些?

第8章 “挑战杯”竞赛创新设计作品

8.1 “挑战杯”竞赛简介

“挑战杯”全国大学生课外学术科技作品竞赛(简称“挑战杯”竞赛)是由共青团中央、中国科协、教育部、全国学联和地方政府共同主办,由国内著名大学和新闻媒体联合发起的一项具有导向性、示范性和群众性的全国竞赛活动。

“挑战杯”竞赛每两年举办一次,至今已经举办了十六届(见表8.1)。这项活动坚持的宗旨是“崇尚科学、追求真知、勤奋学习、锐意创新、迎接挑战”。

表8.1 “挑战杯”全国大学生课外学术科技作品竞赛举办情况

承办年份	届次	承办单位
1989年	第一届	清华大学
1991年	第二届	浙江大学
1993年	第三届	上海交通大学
1995年	第四届	武汉大学
1997年	第五届	南京理工大学
1999年	第六届	重庆大学
2001年	第七届	西安交通大学
2003年	第八届	华南理工大学
2005年	第九届	复旦大学
2007年	第十届	南开大学
2009年	第十一届	北京航空航天大学
2011年	第十二届	大连理工大学
2013年	第十三届	苏州大学
2015年	第十四届	广东工业大学、香港科技大学
2017年	第十五届	上海大学
2019年	第十六届	北京航空航天大学

8.2 3T1R新型四自由度高速并联机械手创新设计

1. 基本信息

来源:第十二届“挑战杯”省赛作品。

小类：机械与控制。

大类：科技发明制作 A 类。

2. 简介

伴随食品、医药、电子等轻工业的快速发展，人们对后包装生产线的机械自动化及卫生安全等方面提出越来越高的要求。本项目结合实际需求，通过分析工作时所需抓放动作，创新设计出能够实现空间三个方向平动和一个转动自由度的3T1R新型四自由度高速并联机械手，以便实现空间移位和摆放在一道工序内实现。经分析预测，该机械手的抓取加速度为10～15g，自动抓取次数为100～120次/min。

3. 详细介绍

本项目在对比国内外同类机构的优势和不足的情况下，利用机构综合方法综合出了能够实现所需功能的机构，建立了机构的原理控制模型，利用在工作空间全域内单轴驱动力矩最小的机构参数优化条件，完成机构参数的匹配优化，并配套完成机械手控制系统的开发和搭建工作。从规模生产效益和效率匹配的角度分析、预测，该机械手的自动抓取次数为100～120次/min，在一定空间内运动时，抓取加速度为10～15g。与国外开发的类似机构的不同之处在于，3T1R新型四自由度高速并联机械手的主体结构采用可实现三平动、一转动的空间四自由度并联机构，通过动平台拆分，引入末端执行器的转动自由度，不仅可以实现物料的快速搬运、装箱等功能，而且利用末端执行器的转动自由度可以实现物料的顺序摆放动作，克服了类似机构存在的缺陷。同时，该机械手的主体采用并联机构，无须冗余驱动，所有驱动器都安装在机架上，可有效减轻构件的惯性和提高系统的负载能力，实现动平台在工作空间内大范围平动。

作品图片如图8.1至图8.3所示。

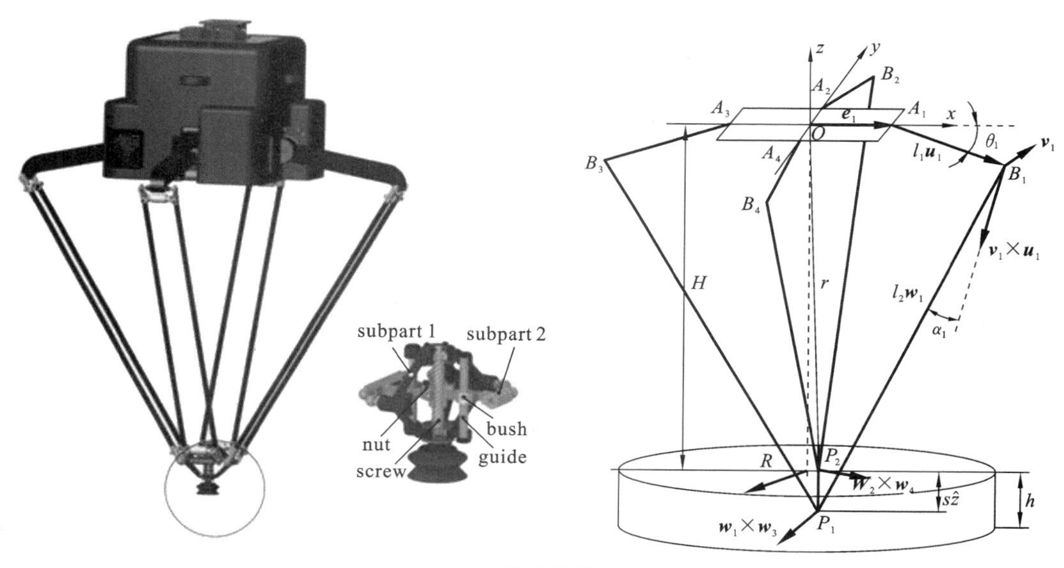

图8.1 作品图片(一)

4. 设计、发明的目的和基本思路、创新点、技术关键和主要技术指标

伴随机器人产业的高速发展，在电子、轻工、食品以及医药等行业中，通常需要以很高的速度完成诸如包装、分拣等抓放(pick-and-place)操作，且被操作对象具有体积小、质量轻的特征。尤其是在食品、医药行业生产线上，物料相对轻、小，而且需要避免污染，为了提高自动化程度和

图 8.2 作品图片(二)

图 8.3 作品图片(三)

保证产品质量，通常需要高速物流线贯穿整个生产和包装过程，从而使得“流程型生产物流信息化”概念为众多食品、医药厂家所采纳。围绕上述需求，本项目在对比国内外同类机构的优势和不足的情况下，利用机构综合方法综合出了能够实现所需功能的机构，建立了机构的原理控制模型，利用在工作空间全域内单轴驱动力矩最小的机构参数优化条件，完成机构参数的匹配优化，并配套完成机械手控制系统的开发和搭建工作。从规模生产效益和效率匹配的角度分析、预测，该机械手的自动抓取次数为100～120次/min，在一定空间内运动时，抓取加速度为10～15g。与国外开发的类似机构的不同之处在于，3T1R新型四自由度高速并联机械手的主体结构采用可实现三平动、一转动的空间四自由度并联机构，通过动平台拆分，引入末端执行器的转动自由度，不仅可以实现物料的快速搬运、装箱等功能，而且利用末端执行器的转动自由度可以实现物料的顺序摆放动作，克服了类似机构存在的缺陷。同时，该机械手的主体采用并联机构，无须冗余驱动，所有驱动器都安装在机架上，可有效减轻构件的惯性和提高系统的负载能力，实现动平台在工作空间内大范围平动。

5. 科学性、先进性

本设计在结合国内外市场发展需求的基础上，通过机构综合方法提出同时实现空间大范围内三平动和一转动的四自由度并联机构的一种创新型机械构型。本设计与同类产品相比提出了一种更加合理的机械结构，克服了类似机构的缺陷，同时改善了实现末端手爪转动的方式，有效地延长了机械结构的使用寿命。本设计的机构设计创新主要体现在末端平台转动实现方案上，动平台设计创新采用分开式方案，通过末端上下平台在竖直方向的相对运动，利用螺母丝杠结构实现末端手爪的转动。在该部分的设计中，同时创新引入双导轨结构，有效地减轻了高速运动时对丝杠和螺母的摩擦，延长了机械结构的使用寿命。同时，创新采用在工作空间全域内单轴驱动力矩最小的机构参数优化条件，完成机构参数的匹配优化，有效提升了机械手的运动学和动力学性能。

6. 获奖情况及鉴定结果

无。

7. 作品所处阶段

实验室阶段。

8. 技术转让方式

专利使用权转让。

9. 作品可展示的形式

实物，录像，现场演示。

10. 使用说明、技术特点和优势、适应范围、推广前景的技术性说明、市场分析、经济效益预测

自Delta机构发明以来，高速并联机构取得了长足的发展，在电子、医药、食品等生产线的后包装领域取得了重要应用。本设计在上述行业后包装生产线上应用，不仅可实现物料的快速搬运、装箱等工序，而且可实现物料的位姿摆放，在很大程度上提高了生产效率，节省了劳动力成本。目前，该类机械手主要在发达国家的电子、医药、食品等领域发挥作用，并创造了巨大的社会价值。随着国内劳动力成本的上升，以机械代替人工的趋势必将不断加强。而且，随着中国经济的不断发展，生产的标准化、规范化趋势将逐渐显露，对生产效率的追求也必将越来越明显。所以,该类应用型机械的开发在未来将具备强大的市场竞争力。

11. 同类课题研究水平概述

目前,全球的包装机械需求每年以5.3%的速度增长,2005年达到290亿美元。美国拥有最大的包装设备生产厂商,其次是日本,其他主要生产厂商来自德国、意大利和中国。但目前包装机械设备生产增长最快的是发展中的国家和地区。在工业发达国家,机器人已在食品、医药行业的后包装成套装备/自动化生产线中得到应用。例如,美国 Adept Technology 公司生产的 Cobra 系列2.0 SCARA 机器人,ABB 公司生产的 IRB 340 Flex Picker 机器人,德国 Bosch SIGPack Systems 公司生产的 X 系列机器人等,已在北美和欧洲开始用于食品、日用化妆品及瓶(袋)装药品的后包装。国内包装机械生产厂商中专业研究开发厂商占比小,这也是我国的不足之处。但在国内包装机械厂家不断的努力下,国内的包装机械在计量、制造、技术性能等方面取得了不错的成绩,特别是啤酒、饮料灌装设备具有高速、成套、自动化程度高、可靠性好等特点。另外,食品包装机技术的大幅改进、机电一体化的实现,使自动化包装机设备的需求激增,未来数年各种食品包装机械的需求将快速增长。随着市场的变化,国内包装机械也在不断成长中,国内包装机械厂商向开发快速、成本较低的包装机械设备方向发展,且已经具备包装机械设备生产条件的公司对未来产品更新或增加包装机械生产线的需求不断增加,特别是食品、饮料及制药业的需求较为殷切。现今国内比较有实力的包装机械生产厂商有江苏南京群杰包装机械有限公司、广州澳特包装机械有限公司、河南郑州星火包装机械有限公司等。

8.3 机械式多功能轮椅

1. 基本信息

来源:第十二届“挑战杯”省赛作品。

小类:机械与控制。

大类:科技发明制作B类。

2. 简介

据调查,市面上的普通轮椅可以帮助行动不便的人士在平坦路面上前行,然而遇到楼梯等障碍物时无能为力,往往需要担架等物品辅助,极其不便。针对此问题,本项目精心设计了此款机械式多功能轮椅。该款机械式多功能轮椅制作成本低,占地面积小,操作简单、方便,不仅能够帮助行动不便的人士在平坦路面上前行,还能使行动不便的人士便捷地上下楼梯,是行动不便人士的必备工具。本项目的设计理念是:设计一款让所有行动不便的人士都买得起、用得满意放心的多功能轮椅。

3. 详细介绍

据全国人口普查数据得出:全国行动不便的人士约有2亿人,严重影响了全国人口的幸福指数。对于行动不便的人士而言,出行是一件极其困难的事情,市面上的普通轮椅可以帮助其在平坦路面上前行,然而遇到楼梯等障碍物时往往无能为力,上下楼梯常常需要担架等物品辅助,极其不便。在国外有电动的轮椅产品。电动轮椅的生产厂家主要集中在美国、德国、英国、瑞典和日本。但是电动轮椅的价格高昂,最低档次的价格在人民币2万到3万元之间,高档的达到12万元,这样昂贵的价格是一般人所不能承受的。在国内,此类产品存在价格高、性能不稳定、安全系数不高等多方面的缺陷。本项目所设计的多功能轮椅利用的是纯机械化原理，造价低廉，经过大量的数据计算与实际测试，安全系数高。本项目设计的轮椅是在市面上普通轮椅的基础上改装而成的，摒弃了传统的机构，采用了滑板结构与行星轮结构相结合的方式，不但能够方便地折叠，而且合理地实现了轮椅的上下楼梯。对于轮椅下楼梯，我们采用的是滑板结构。考虑到上下楼时轮椅的滑行速度，经过多次试验，我们发现聚丙乙烯的摩擦系数正好可以满足本项目的要求：价格较低、质量较轻，在强度和硬度上均可满足要求。当进入楼梯斜面时，收起后行星轮支架，使滑板面支承在楼梯上，乘坐者坐在轮椅上，在辅助者的帮助下，可以平稳地滑下楼梯；同时，滑板上开有滑槽，以利于整个椅子的折叠。对于轮椅上楼梯，我们采用了行星轮结构。上楼梯时，轮椅背对楼梯，乘坐者系好安全带，调整轮椅挡位到适合的角度，保证重心靠后。辅助者在轮椅后拉住轮椅的扶手，向上拉动，前轮与滑板同时接触楼梯，后行星轮依次交替旋转到每一节楼梯，实现上楼梯的功能。同时，本款多功能轮椅也可以作为酒店、商场、写字楼、医院、学校等人员较为集中的场所的一种基础备用设施。当发生紧急情况，如火灾、地震、停电、电梯设备无法运行时，可以帮助行动不便的人士安全、快速地逃离现场。因此，综合考虑本款多功能轮椅的社会需求及人均消费水平等因素，本款多功能轮椅有着巨大的市场前景。本项目的设计理念是：设计一种让所有行动不便的人士都买得起，用得满意放心的多功能轮椅。

作品图片如图 8.4 至图 8.6 所示。

图 8.4　作品图片(四)

4. 设计、发明的目的和基本思路、创新点、技术关键和主要技术指标

设计目的：本款多功能轮椅使行动不便的人士既能在平坦路面顺利前行，也能便捷地上下楼梯。

创新点：本款多功能轮椅由普通轮椅改装而成，便于折叠，占地面积小，同时采用滑板结构与行星轮结构便捷地上下楼梯。

技术关键：本款多功能轮椅方便折叠，体积小、质量轻，便于操作使用，滑板结构与行星轮结构能够保证轮椅便捷、平稳地上下楼梯。

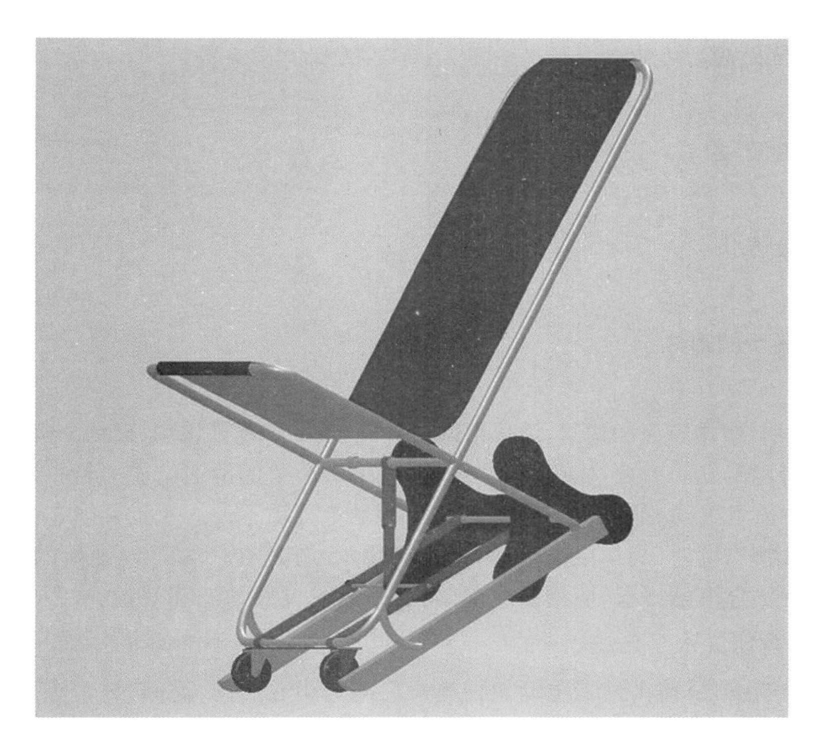

图8.5 作品图片(五)

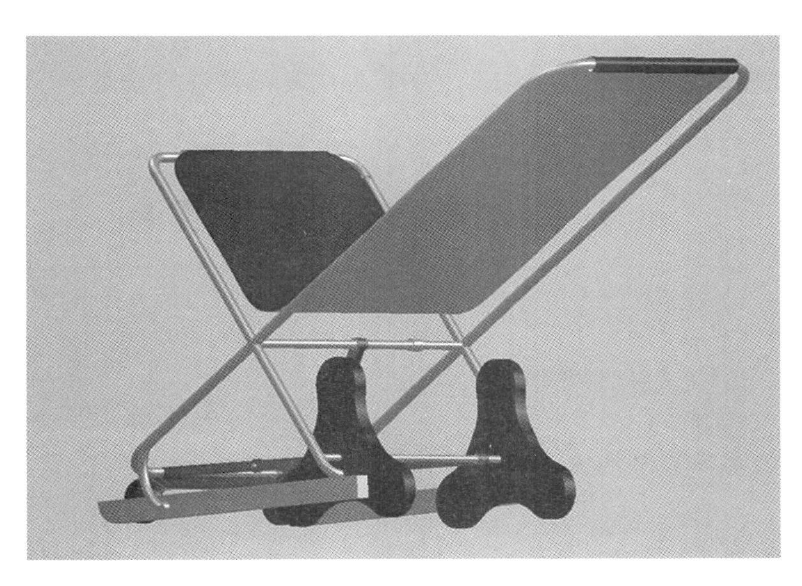

图8.6 作品图片(六)

5. 科学性、先进性

本款多功能轮椅是一款纯机械式轮椅，通过对市面上普通轮椅进行改装而成，方便折叠，体积小。在下楼梯时，通过简单变形，可使用滑道轻松地下楼梯。在上楼梯时，也可采用行星轮的交替作用，方便、快捷地上楼梯。目前市面上也存在多款类似的产品，这些产品多由日本、德国、美国等制造生产，采用复杂的电子设备进行控制，产品价格高，体积大，日常维护也较为复杂。与这些产品相比，本款多功能轮椅成本低、体积小、质量轻、性能强、操作简便，十分便于普及。

6. 获奖情况及鉴定结果

无。

7. 作品所处阶段

中式阶段。

8. 技术转让方式

无。

9. 作品可展示的形式

实物形式。

10. 使用说明、技术特点和优势、适应范围、推广前景的技术性说明、市场分析、经济效益预测

本款多功能轮椅方便折叠，体积小，质量轻，仅采用简单的滑道结构与行星轮结构，简便、高效地实现了国外昂贵电动轮椅的上下楼梯功能，满足了行动不便人士的需求。由于本款多功能轮椅是一款纯机械式轮椅，制作成本很低，操作简便，十分适合广大行动不便的人士使用，因此本款多功能轮椅符合市场需求，应用推广前景很好，具有良好的经济效益。

11. 同类课题研究水平概述

据现有资料调查，目前高性能电动轮椅生产厂商集中在美国、德国、日本等。高性能电动轮椅采用电路设备进行控制，方便高效，但同时也存在不少缺陷，如体积大、日常维护不便、价格不菲等，具有上下楼梯功能的电动轮椅更是价格高昂，让很多行动不便的人士望而却步。考虑到国内行动不便的人士多，以及行动不便人士的消费水平一般较低，我们精心设计了这款轮椅。这款轮椅采用纯机械，降低了成本，结构设计合理，操作简单、高效，十分适合行动不便的人士购买使用。

8.4 地震救援机械手套

1. 基本信息

来源：第十二届“挑战杯”省赛作品。
小类：机械与控制。
大类：科技发明制作 A 类。

2. 简介

本地震救援机械手套由远节指结构、中节指结构、近节指结构和皮质材料组成。本项目的主要创新点在于：在手套近节指关节处添加了连杆滑道顶死机构，以此来实现机械手套的自动锁死功能，使手套手指能自动保持弯曲状态，在提高救援人员的工作效率的同时达到节省救援人员体力及保护救援人员双手的目的；在工作完成后或临时需要手指伸直时，救援人员只需要在此基础上稍加弯曲，即可实现手套由锁死到解锁的转变，实现手指自由伸直。

3. 详细介绍

该地震救援机械手套由远节指结构、中节指结构、近节指结构和皮质材料组成。金属节指主要采用了不锈钢；其他非金属部分主要采用皮质材料，使其耐磨性、防冲击性得到大幅提高，并且可以起到很好的辅助救援作用。该地震救援机械手套在设计的过程中参考了人机工程学的理念，为了保证救援人员高效工作，在使用的过程中救援人员只需要将手指弯曲到合适的角度，该机械手套即可实现锁死功能（由连杆滑道顶死机构实现）；救援工作完成后，救援人员只需要再次弯曲手指，即可实现手套由锁死到解锁的转变，实现节省救援人员体力，同时保护救援人员双手的目的。

对设计该地震救援机械手套的原因论述如下：当手指需要弯曲以实现某一功能时，首先由神经中枢发送神经信号，神经信号经过传导后到达手部肌肉，实现手部屈肌收缩，手部屈肌拉伸肌腱，肌腱拉伸带动手指弯曲；要使手指一直保持弯曲状态，必须保持手部屈肌收缩、肌腱一直拉伸的状态。神经信号传导与手部屈肌持续收缩、肌腱一直拉伸的状态会持续耗费人体的能量，使人疲倦。本项目设计的地震救援机械手套可以很好地保持中节指与近节指的顶死状态，避免神经信号的传导与手部屈肌持续收缩、肌腱一直拉伸的状态，达到节省救援人员体力的效果。

该地震救援机械手套各个组成部件的详细说明如下。

(1) 远节指结构设计。远节指结构主要包括人工指甲、封闭套筒、远节指防护套。

远节指是手工作业中手部工作量最大的部位，与工作对象的接触也最频繁，所以它的横断面采用多段相切弧线构成的封闭结构，下部相对半径较大，符合手指受力时的外形特点，保证了工作对象与手指有最大的接触面积。远节指前端装有封闭套筒。封闭套筒前端相对于指尖回缩 5 mm，这样就减小了指端的横截面积，便于手指工作，减小了手部受到的应力。除拇指、小指外的手指远节指防护套上部固定有不锈钢指甲，人工指甲应用仿生学设计成扁平弧形，尖端略向下弯曲，符合手部挖、抓等动作时的受力特点。人工指甲上方的封闭套筒前端有高 1 mm、宽 2 mm 的加厚金属，以减小套筒前端的正应力。远节指防护套与中节指防护套之间用两根不锈钢丝（左右各一根）相连，连接部位在手指两侧中部。在工作受力的时候，钢丝连接的作用是保证防护套与内层手套之间不发生相对滑动，增强手套的工作可靠性。

(2) 中节指结构设计。为了配合近节指上的连杆滑道顶死机构完成手套自动实现锁死与解锁功能，中节指上的拉杆不可与连杆滑道顶死机构发生干涉。中节指防护套上方封闭套筒后端有高 2 mm、宽 2 mm 的加厚金属，以减小关节反向弯曲两防护套顶死时的正应力。中节指防护套两侧开有直径为 2 mm 的两个圆孔，用于钢丝连接。中节指防护套后部去掉了下半部分，目的是保证中节指弯曲时不会与近节指干涉。

(3) 近节指结构设计。由于要保证手指弯转 50°时手套实现锁死功能，救援工作完成后要求手指再弯曲 20°实现手套的解锁功能。这项功能由位于近节指的连杆滑道顶死机构完成。这就要求连杆在滑道中往复运动丝毫不差，并且要求位于中节指的拉杆在对应的角度实时掉入所设计的凹槽中，在手指又弯曲 20°后滑片及时地从凹槽中滑出。因为要配合连杆滑道顶死机构的具体功能，拉杆的具体尺寸及弯曲弧度也需要细致地逐步设定，使拉杆既能配合实现连杆滑道顶死机构的功能，又能保证不与指节发生干涉。连杆滑道顶死机构和弯杆的材料选择既要满足强度及耐磨度的要求，还要考虑具体的加工工艺以及特殊使用环境的影响。

(4) 连杆滑道顶死机构设计。保证手指弯转 55°时，位于滑道上的连杆由位于中节指的拉杆牵引，顶片直接落入凹台下，实现手套锁死。手指再弯转 10°时，由于弹片的作用，顶片沿滑道由凹台中滑出，实现手套的解锁。

另外，当手指第一次弯转角度超过 65°时，顶片会连续实现上述两个过程而不会落入凹台中，连杆滑道顶死机构不会锁死。此项功能可帮助救援人员灵活地控制手套。

(5) 金属节指管材选用。手指防护套用不锈钢无缝钢管及不锈钢板加工而成；远节指防护套采用不锈钢板加工而成，壁厚为 0.8 mm；中节指防护套、近节指防护套采用不锈钢无缝钢管加工而成，壁厚为 0.6 mm。

（6）其他非金属部分结构设计。该地震救援机械手套采用了不锈钢和皮质材料，使其耐磨性、防冲击性得到大幅提高。在手部拇短展肌、掌短展肌部位，手套采用双层加厚设计，以提高耐磨性。其他部位不增加额外的防护措施，以保证手部的灵活性、舒适性。手套的手腕部位采用尼龙搭扣作为锁紧装置，简单方便，封闭可靠。

该地震救援机械手套的具体实施方式是：该地震救援机械手套在设计的过程中参考了人机工程学的理念，力求保证救援人员工作的高效率，在使用的过程中救援人员只需要正常地弯曲手指实施挖沙、搬运瓦砾的动作，该手套即可实现锁死功能，不仅可以节省救援人员的体力，而且可以保护救援人员的双手。救援工作完成后，救援人员只需要再次弯曲手指，即可实现手套由锁死到解锁的转变。

作品图片如图 8.7 至图 8.9 所示。

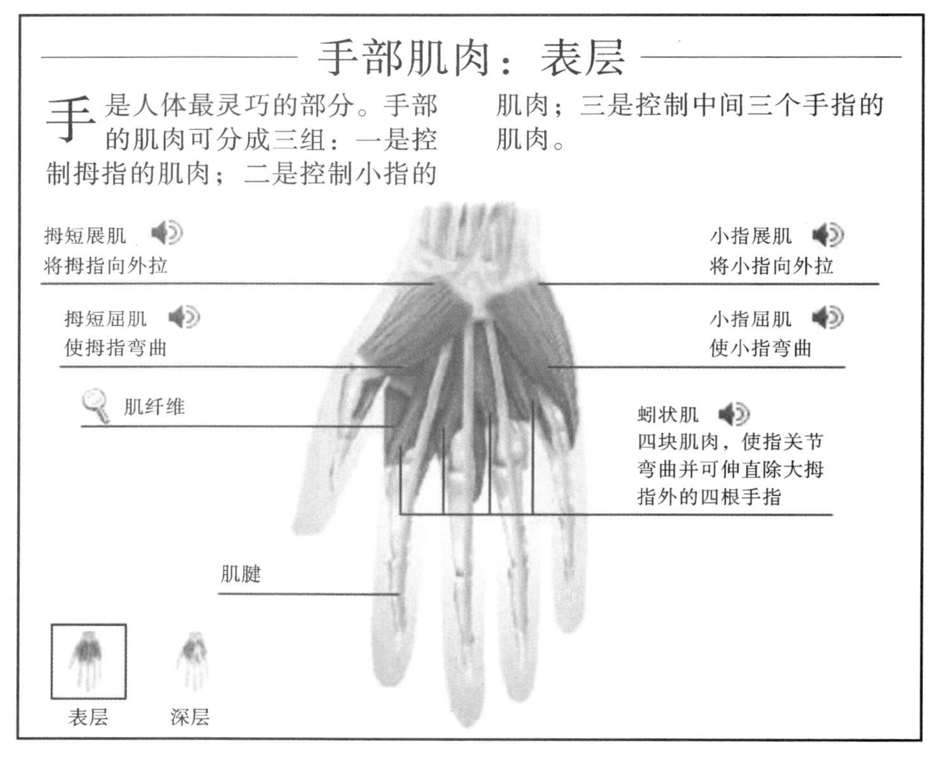

图 8.7　作品图片（七）

4. 设计、发明的目的和基本思路、创新点、技术关键和主要技术指标

地震救援机械手套可以在不妨碍手部灵活性的同时为手部提供保护，避免手部磨损，减轻手部关节损伤，关节弯曲锁死机构可以缓解手部肌肉疲劳，通过其自带的辅助挖掘机构可以提高手工作业效率。

创新点：本项目为地震救援机械手套设计了一种巧妙的连杆滑块装置，如果需要较长时间地实施挖掘、搬运工作，食指、中指、无名指只要弯曲 55°（中节指与近节指的夹角），该手套即可实现锁死功能，保持该姿态，从而减轻手部肌肉疲劳，节省救援人员的体力。工作完成后或临时需要手指伸直时，救援人员只需要在此基础上再弯曲 10°，即可实现手套由锁死到解锁的转变，

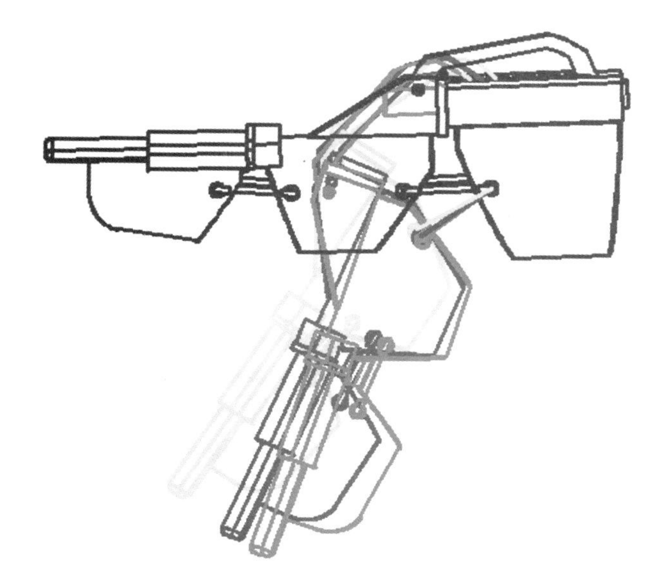

图 8.8 作品图片(八)

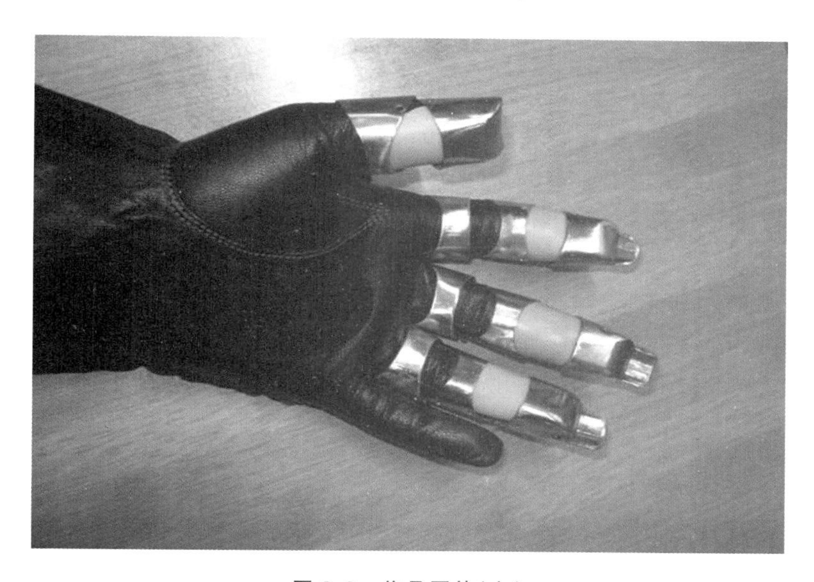

图 8.9 作品图片(九)

实现手指自由伸直;在工作中不需要锁死手指的角度的情况下,手指弯曲角度在 55°以下或 60°以上再伸直时,该手套均不会锁死,手指可以灵活活动。

技术关键:一方面,保证手指弯转 55°时手套实现锁死功能,救援工作完成后要求手指再弯曲 10°实现手套的解锁功能,这项功能由所设计的连杆滑道顶死机构完成(自锁与自解锁的功能)。要求连杆在滑道中往复运动丝毫不差,并且连杆在对应的角度实时地掉入所设计的凹槽中,在手指又弯曲 20°后连杆及时地从凹槽中滑出。这就对连杆和滑道具体尺寸的设计提出了苛刻的要求。另一方面,因为要配合连杆滑道顶死机构的具体功能,弯杆的具体尺寸及弯曲弧度也需要细致地逐步设定,以保证既能配合实现连杆滑道顶死机构的功能,又能保证不与指节发生干涉。

主要技术指标:锁死处机构可承受的压力为 200 N,连杆在滑道中的行程为 8 mm。

5. 科学性、先进性

目前，国内外关于地震救援的设计作品种类繁多，但救护手套的设计只有几种。这些设计基本都仅仅从保护救援人员的双手出发，没有考虑帮助救援人员节省体力和提高救援的效率。为此，本项目设计了一种可自由实现自锁与自解锁功能的机械手套。该款手套具有结构简单、造价低廉、不需要带电、抗干扰能力强的优点。

6. 获奖情况及鉴定结果

该作品在第四届全国大学生机械创新设计大赛中获得三等奖。

7. 作品所处阶段

实验室阶段。

8. 技术转让方式

普通许可。

9. 作品可展示的形式

图纸、现场演示、图片、样品。

10. 使用说明、技术特点和优势、适应范围、推广前景的技术性说明、市场分析、经济效益预测

使用说明：在使用过程中，救援人员只需像穿戴普通手套一样将手指伸进去，搭好腕部的尼龙搭扣即可正常地弯曲手指，实施抓握、挖掘、搬运等动作。如果需要较长时间地实施挖掘、搬运工作，食指、中指、无名指只要弯曲 55°（中节指与近节指的夹角），该手套即可实现锁死功能，保持该姿态，从而减轻手部肌肉疲劳，节省救援人员的体力。工作完成后或临时需要手指伸直时，救援人员只需要在此基础上再弯曲 10°，即可实现手套由锁死到解锁的转变，实现手指自由伸直。在工作中不需要锁死手指的角度的情况下，手指弯曲角度在 55°以下或 60°以上再伸直时，该手套均不会锁死，手指可以灵活活动。

技术特点和优势：由所设计的连杆滑道顶死机构可以很好地完成手套的自锁与自解锁功能，该地震救援机械手套在批量化生产下成本低廉。

技术性说明、市场分析和经济效益预测：该地震救援机械手套结构紧凑、轻便舒适、生产成本低廉，能对救援人员的手部起到保护和辅助作用，从而极大地提高了救援人员的工作效率，在地震、坍塌等灾难救援方面有极大的推广应用价值。

11. 同类课题研究水平概述

目前还没有一种专门为地震救援人员设计的可以在不影响手部灵活性的同时为手部提供保护，防止手部磨损、冲击，避免手部关节损伤，同时缓解手部肌肉疲劳，并负责辅助工作的手套。为此，本项目设计了一种可自由实现自锁与自解锁功能的机械手套。该地震救援机械手套采用了不锈钢和皮质材料，使耐磨性、防冲击性得到大幅提高。内层皮质手套的指关节内侧部分用橡胶膜代替，目的是避免内层皮质手套褶皱堆积，从而影响手指弯曲。在手部拇短展肌、掌短展肌部位手套采用双层加厚设计，以提高耐磨性。手套的手腕部位采用尼龙搭扣作为锁紧装置，简单方便，封闭可靠。同时，在手套上加装了不锈钢指甲，使得手部进行挖掘工作时更加高效。该地震救援机械手套在设计的过程中参考了人机工程学的理念，力求保证救援人员工作的高效率，在使用的过程中救援人员只需要正常地弯曲手指实施挖沙、搬运瓦砾的动作，该手套即可实现锁死功能，不仅可以节省救援人员的体力，而且可以保护救援人员的双手。救援工作完成后，救援人员只需要再次弯曲手指，即可实现手套由锁死到解锁的转变。此外，该手套的拓展空间巨大，如在手套上可以加装便携式生命探测仪、照明系统，在前臂上加装增力机构等。这些都会扩展手的工作范围，使手套更好地服务于地震等灾害的抢险救援工作。

8.5 碾扩机自动上下料机械手

1. 基本信息

来源：第十二届“挑战杯”省赛作品。

小类：机械与控制。

大类：科技发明制作B类。

2. 简介

本设备通过简单的电路和机械控制，实现了机械自动化装卸锻件，使轴承套圈的生产效率提高了一倍以上，且减少了废品率，并有效地降低了工人的劳动强度和危险性，节省了人工，能极大地提高企业的经济效益。

3. 详细介绍

本设备由简单的控制电路和机械部分组成，完全替代人力手工操作，实现全自动化轴承套圈上料和下料。本设备可精确地上料和下料，不仅使生产时间缩短一半以上，而且从根本上解决了因人工上料导致的废品率高的问题，节约了原料，并将工人从高温、高强度的恶劣工作环境中解放了出来。本设备为企业节省了大量的人力资源，这在“用工荒”的今天有着非常重要的意义，可为企业创造良好的经济效益。

本设备的工作过程如图8.10所示。

4. 设计、发明的目的和基本思路、创新点、技术关键和主要技术指标

由于国内现有轴承套圈生产的装卸料完全由手工完成，毛坯的质量一般在50 kg以上，所以工人搬运困难，劳动强度大，而且极易因为未放置到位而产出废料，浪费原料。本设备由简单的控制电路和机械部分组成，实现了机械自动化装卸工件，装载定位精确，有效地减少了废品，提高了生产率。本设备的技术关键在于机械部分要实现上下料快速无间断循环作业，需要控制电路连续地发出指令，具有较高的连贯性，也因此需使用灵敏的行程开关和延时继电器。

5. 科学性、先进性

轴承套圈生产目前在国内属于粗放型，工人手工操作，生产效率低，劳动强度大，产品的一致性差，不能适应轴承产品水平和质量提高的要求。我国轴承发展规划报告指出，轴承工业产能、规模发展较快，但高技术含量和高附加值产品比例低、可靠性低、寿命短，不具有技术竞争力。本设备通过由延时继电器和行程开关组成的简单控制电路，实现装卸工件自动化、机械化，将轴承套圈的加工节拍由190 s缩短至最长100 s 。

6. 获奖情况及鉴定结果

无。

7. 作品所处阶段

开发设计及模型论证阶段。

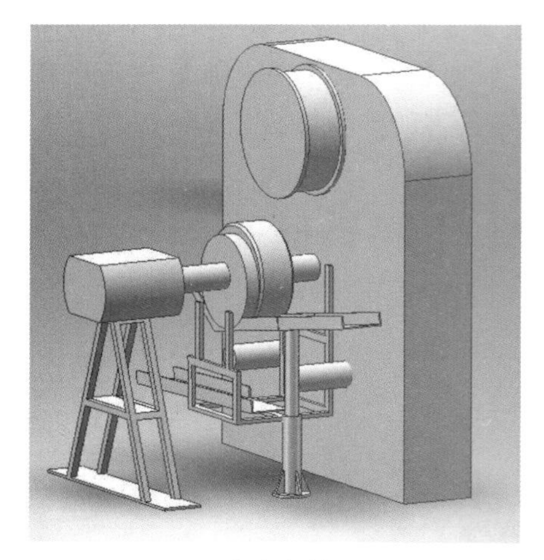

(a) 上料

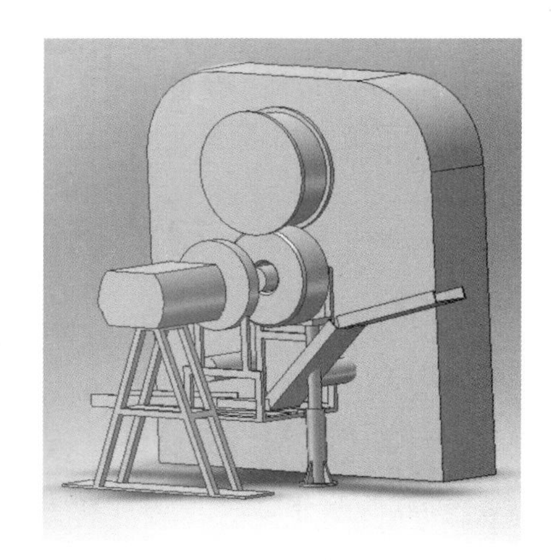

(b) 上料滑道下降

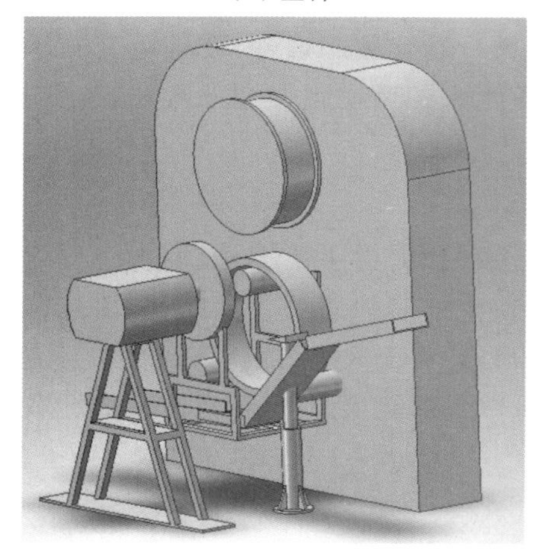

(c) 碾压完成

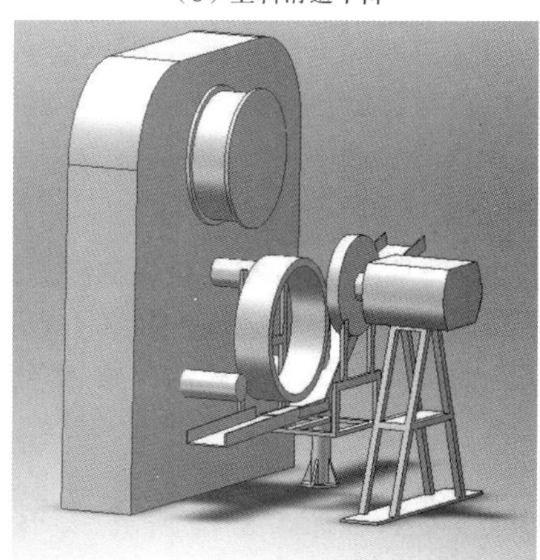

(d) 下料

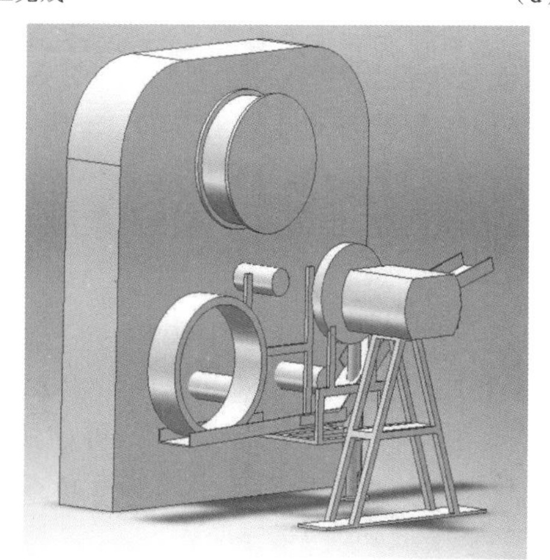

(e) 下料完成

图 8.10　碾扩机自动上下料机械手的工作过程

8. 技术转让方式

技术入股或一次性买断。

9. 作品可展示的形式

模型、图纸、现场演示。

10. 使用说明、技术特点和优势、适应范围、推广前景的技术性说明、市场分析、经济效益预测

本设备为全自动化运行，毛坯从上料滑道落下时触发行程开关，启动设备运行。国内轴承套圈的生产都是手工作业，尚无自动化生产设备。根据国家相关规划，轴承行业将以提高轴承质量的稳定性、可靠性，延长轴承的寿命为中心，推进研发创新能力和设计制造技术升级，实现由粗放型到密集型的转变。本设备可有效提高生产效率一倍以上，并且能够减少人力成本，缓解“用工荒”，降低废品率，提高产品的质量和精度，延长产品的寿命，实现行业由粗放型到技术密集型的转变。

11. 同类课题研究水平概述

目前国内乃至国际上都没有类似的轴承套圈类零件自动装卸料机械。国内轴承套圈类零件的生产都由工人手工操作，由于工件的质量大(一般为 50～70 kg)，温度高(一般为 1 000 ℃左右)，装卸一个工件经常需要两个工人同时用特殊的铁钳子搬运，浪费了人工，并且经常出现在搬运工件的过程中因工人未夹紧工件而导致工件掉落砸伤或烫伤工人的事故。一般工厂是八小时工作制，但由于工作环境恶劣，劳动强度大，工人的劳动生产率呈下降趋势，使工厂的总生产效率进一步降低。轴承套圈生产目前属于粗放型，工人手工操作，效率低，产品的一致性差，产品内在质量不稳定而影响轴承的精度、性能、寿命和可靠性，不能适应轴承产品水平和质量提高的要求。我国轴承发展规划报告指出，轴承工业产能、规模发展较快，但是高技术含量和高附加值产品比例偏低、稳定性差、可靠性低、寿命短，缺乏一定的品牌效应，不具备任何技术竞争力。我国轴承生产行业技术进步相对较慢，研发和创新能力低，设计和制造技术基本上是借鉴国外企业，许多技术难题攻关未能取得突破。根据国家相关规划，轴承行业将以提高轴承质量的稳定性、可靠性，延长轴承的寿命为中心，推进研发创新能力和设计制造技术升级，加快向高附加值轴承市场发展的步伐，提高核心竞争力，实现从规模型向质量效益型的转变，这将为企业和社会带来巨大的经济效益。本设备完全实现了自动化装卸料，填补了国内乃至国际上的技术空白，有效地将轴承套圈类零件的生产节拍从 190 s 降低到 100 s 以下，提高生产效率一倍以上，增强了企业的国际竞争力。通过上料气缸精确地将零件装夹到位，能有效地降低废品率，提高产品精度，并增强产品的稳定性和一致性。使用该设备可以节省两个人工，这不仅节省了人工成本，在“用工荒”蔓延的今天，更为企业从粗放型向技术密集型转变打下了基础，为国内轴承套圈类生产企业的转型提供了有力的技术保障。

8.6 基于智能机械臂的大蒜自动播种机的设计

1. 基本信息

来源：第十二届“挑战杯”省赛作品。

小类：机械与控制。

大类：科技发明制作 A 类。

2. 简介

大蒜是我国重要的经济作物，连续多年居我国农产品出口前列。长久以来，大蒜播种完全依赖于人工点播，在研播种机由于无法解决蒜种正立问题且种子堵塞、损伤问题严重，所以均未得到推广使用，我国迫切需要研究和开发大蒜播种机械。本项目主要运用单片机自动控制系统和智能机械臂，以有效地保证大蒜种子朝向，提高发芽率，保证大蒜的蒜形和产量，实现大蒜播种的自动化，从而提高劳动生产率，降低劳动强度，增加农民的收入。

3. 详细介绍

本项目采用单片机控制智能机械臂自动完成大蒜播种过程，机械臂自动夹取大蒜种子后自动移动到播种区插播种子，有效地解决了播种时正立问题，并且可以调整种子的插入深度和株距，保证了大蒜的发芽率、蒜形和产量。本项目首创性地将智能机械臂运用到大蒜播种机中，打破了目前国内大蒜播种机研制停滞于纯机械设计阶段的现状，实现了播种机械智能化、自动化。

作品系统设计如下。

(1) 机械臂是一种模拟人臂的机械装置，具有多自由度，可以完成复杂的三维动作。机械臂动作灵活、可靠，工作效率和质量非常高，在工业生产中发挥着极其主要的作用，在国外一些发达国家的农业生产和加工中得到大量应用。本项目采用的是六自由度机械臂，它可以完成抓取、移动、转动和翻转等复杂动作。机械臂的驱动装置是动作精密度很高的舵机，可以精确地驱动机械臂运动完成复杂的动作，因而控制机械臂完成复杂的大蒜播种过程。

(2) 舵机是一种位置伺服驱动器，是机器人、机电系统和航模的重要执行机构。舵机的控制信号是 PWM 信号，信号的周期为 20 ms。通过改变 PWM 信号的占空比，可以控制舵机运动的位置，使角度变化与脉冲宽度的变化成正比。根据舵机控制所需的 PWM 宽度为 0.5～2.5 ms，周期为 20 ms，本项目采用 T0 计时器产生 0.5～2.5 ms 的 PWM 信号；采用 T1 计时器设定动作延时时间，使舵机有序、平稳地完成动作。通过设定 T0、T1 计时器的工作模式和编译控制程序，单片机控制舵机精确地运动。

(3) 本项目以 52 系列单片机作为控制芯片的主要研究对象。52 系列单片机由八大部分组成——CPU、片内程序存储器和数据存储器、数据 I/O 接口、可编程串行口、特殊功能寄存器、定时/计数器和中断系统。它具有指令控制简单、运算速度快、工作可靠稳定、能耗低等诸多优点。本项目主要运用单片机控制机械臂运动控制器——舵机的运动。本项目主要运用单片机的 T0 计时器产生控制舵机的 PWM 信号，6 个数据 I/O 接口分别连接 6 个舵机控制信号端口，RXD、TXD 串行口与上位机通信。

(4) 控制系统电路设计。根据控制系统功能需要，外围电路包括以下三大部分。

① 单片机功能匹配电路：使单片机正常工作和选择合适的机器周期时间。

② 串行口通信电路：实现与计算机的通信，下载控制程序和收集舵机工作在不同位置时的数据。

③ 电源电路：为控制系统和机械臂供电。

(5) 控制程序的设计和调试。控制舵机的数据采取每步动作一个数组的形式，将一组数据发送给舵机后进行延时，待延时结束时再进行下一组数据的发送，由此循环。通过不断地调整程序和运行试验，编译成比较完善的控制程序。在本项目中，自动播种系统运动参数相对比较固定，并且要求循环播种。通过实际测试，不断修改机械臂运行中出现问题时控制舵机的数据，不断完善和提高机械臂的工作性能。

(6) 自动播种装置的可行性研究。本项目采用的单片机和机械臂在工业和农业中得到了广泛应用,工作性能稳定可靠,效率高。通过制作试验模型模拟,初步达到了大蒜播种时种子正立的要求,设计方案具有科学性和可行性。设计方案有不少待改进的地方,但具有很大的创新性,顺应了当今世界农业自动化和农业机器人在农业中广泛应用的潮流,对我国农业机械研发具有一定的意义。

作品图片如图8.11至图8.14所示。

图8.11 作品图片(十)

图8.12 作品图片(十一)

图 8.13　作品图片(十二)

图 8.14　作品图片(十三)

4. 设计、发明的目的和基本思路、创新点、技术关键和主要技术指标

1）设计、发明的目的和基本思路

（1）大蒜是我国重要的经济作物，连续多年居我国农产品出口前列，但目前大蒜种植完全依赖于人工点播，在研播种机由于无法解决蒜种正立问题且种子堵塞、损伤问题严重，所以均未得到推广使用，严重制约了我国大蒜产量和质量的快速提高。本项目首创性地将智能机械臂应用到大蒜播种中，有效地解决了播种时种子正立入土的技术问题，同时种子损伤极小、株距整齐均匀，提高了播种效率，保障了大蒜的发芽率、蒜形和质量，大大提高了大蒜的产量和经济效益。

（2）本项目采用单片机控制智能机械臂自动完成大蒜播种过程，机械臂自动夹取大蒜种子后自动移动到播种区插播种子，保证了种子正立入土，种子的插播深度和株距都可以控制调节，整个过程实现了自动控制。

2）创新点

（1）目前在研的各类大蒜播种机均属于纯机械设备，本项目创新性地运用智能机械臂和单片机控制系统，打破了大蒜播种机设计研究停滞在纯机械设计阶段的局面。

（2）本项目采用的智能机械臂，可以自动完成抓取、移动、播种等复杂动作，有效地保证了种子正立入土和精确播种，减少了种子损伤，大大提高了大蒜播种的效率和质量。本项目实现了农业机械的自动化以及精准化，符合当今农业发展现代化的发展趋势。

3）技术关键和主要技术指标

本项目将智能机械臂应用于大蒜播种，在播种质量、确保蒜种正立入土、播种精度、播种均匀度、减小种子损伤率等方面都明显优于传统播种方式（大蒜点播机播种、压穴式大蒜栽种机播种、多功能大蒜栽种机播种）。

4）科学性、先进性

（1）大蒜种植依赖人工点播，劳动强度大，效率低下。本项目改变了传统大蒜种植模式，实现了自动化播种，满足种子的正立要求，提高了劳动生产率和经济效益。

（2）本项目首创性地将智能机械臂运用到大蒜播种机中，打破了目前国内大蒜播种机研制停滞于纯机械设计阶段的现状。

（3）智能机械臂和单片机控制系统广泛应用于工业中，性能稳定、可靠，工作效率高。

（4）本项目着重解决了大蒜入土时的正立问题，播种均匀，种子的破损率极低，提高了大蒜的出苗率，保证了大蒜的蒜形质量，大大提高了大蒜的产量和经济效益。

（5）本设备操作简单，实现智能控制。

（6）本设备的适应性较强：可以通过改变程序数据，调整判断基准、动作顺序以及运动距离，解决因土壤质量、播种密度要求、播种深度要求、大蒜品种不同而导致的无法作业问题。

（7）本项目所采用的研究方法可以运用其他农业机械中，具有借鉴和推广价值和意义。

5. 获奖情况及鉴定结果

无。

6. 作品所处阶段

实验室阶段。

7. 技术转让方式

无。

8. 作品可展示的形式

模型、现场演示、录像。

9. 使用说明、技术特点和优势、适应范围、推广前景的技术性说明、市场分析、经济效益预测

1) 技术特点和优势

(1) 保证了蒜种正立入土和在土壤中正立。

(2) 播种精度高，蒜种的破损率极低。

(3) 种植密度可调，株距均匀，播种深度可调。

(4) 技术可移植于其他机械，具有借鉴价值。

2) 适用范围

(1) 适用于不同土质和不同品种的大蒜种植，适用性强、范围广。

(2) 可以调整大蒜的插播深度、株距，能够适应不同的播种要求。

3) 市场分析和经济效益预测

(1) 我国大蒜出口贸易发展十分迅速，是单项出口额最大的农产品之一。目前在研大蒜播种机无法解决蒜种正立入土和在土壤中直立的技术难题，同时蒜种损伤、出苗率低，未得到大面积推广使用。大蒜种植完全依赖人工点播，劳动强度大、效率低下，市场迫切需要播种精度高的大蒜播种机。

(2) 本项目首创性地运用了智能机械臂，有效地解决了播种时的正立问题，极大地降低了伤种率，保证了大蒜的发芽率、蒜形、质量，大大提高了大蒜的播种效率和质量，有利于促进农民的增产增收和大蒜产业化发展，同时也对自动控制系统和农业机器人在农业机械运用起到一定的推动作用，符合现代农业的发展方向，前景广阔。

10. 同类课题研究水平概述

我国在研大蒜播种机对比如下。

1) 大蒜点播机

大蒜点播机的工作原理是：首先用压穴锥压穴，然后用机械传送蒜种到种穴，在传送过程中，蒜种根部朝向处于自由状态，蒜种投放到种穴时，蒜种根部方向完全由落种瞬间的朝向及落种位置随机确定。这种播种机的缺点很明显，大蒜种植时的一个重点要求就是必须保证蒜种根部向下。如果大蒜根部不是向下的，就会延长发芽时间，影响发芽率、蒜苗生长方向和蒜形，导致大蒜产量和质量严重下降。

2) 压穴式大蒜栽种机

压穴式大蒜栽种机的工作原理是：先用半球面形机械压出孔穴，然后将蒜种投放到穴内，利用穴内球面控制蒜瓣根部朝向，最后覆土。这种播种机利用种穴形状和重力作用基本解决了蒜种根部向下的问题，但蒜瓣直立度没有保证，对发芽时间、蒜苗生长方向和蒜形产生较大影响，而且机械结构复杂、庞大，费用较高，无法实现产业化、规模化。

3) 多功能大蒜栽种机

多功能大蒜栽种机由动力装置、供料器、根部向下控制器、开沟器等组成，先由开沟器开沟，根部向下控制器通过自动感应调整蒜种根部的朝向，使种子在入土前正立，然后通过传送装置将蒜种插入土壤中。这种播种机解决了蒜种输送过程中要求根部向下的技术问题，但没有解决蒜种在土壤中要求直立的难题，且易产生堵塞、种子损伤的现象。这种播种机虽然提高了播种效率，但依然存在明显缺陷，所以一直停留在试验研究阶段，没有在大面积生产中大规模推广和应用。

以上大蒜播种机均采用纯机械设计，都未达到大蒜播种生产要求，未能得到大面积推广使用。相对比，本项目首创性地将智能机械臂应用到自动大蒜播种装置中，打破了同类研究滞留在纯机械设计阶段的局面，有效地解决了大蒜播种中正立问题，对种子的损伤极小，播种深度和株距可控可调，大大提高了大蒜的发芽率，保证了大蒜的蒜形和质量，保障了大蒜的产量和经济效益。因而，本项目具有科学性和创新性，对自动控制系统和农业机器人在农业机械领域应用起到一定的推动作用，前景广阔。

附录 A

减速器装配图常见错误示例

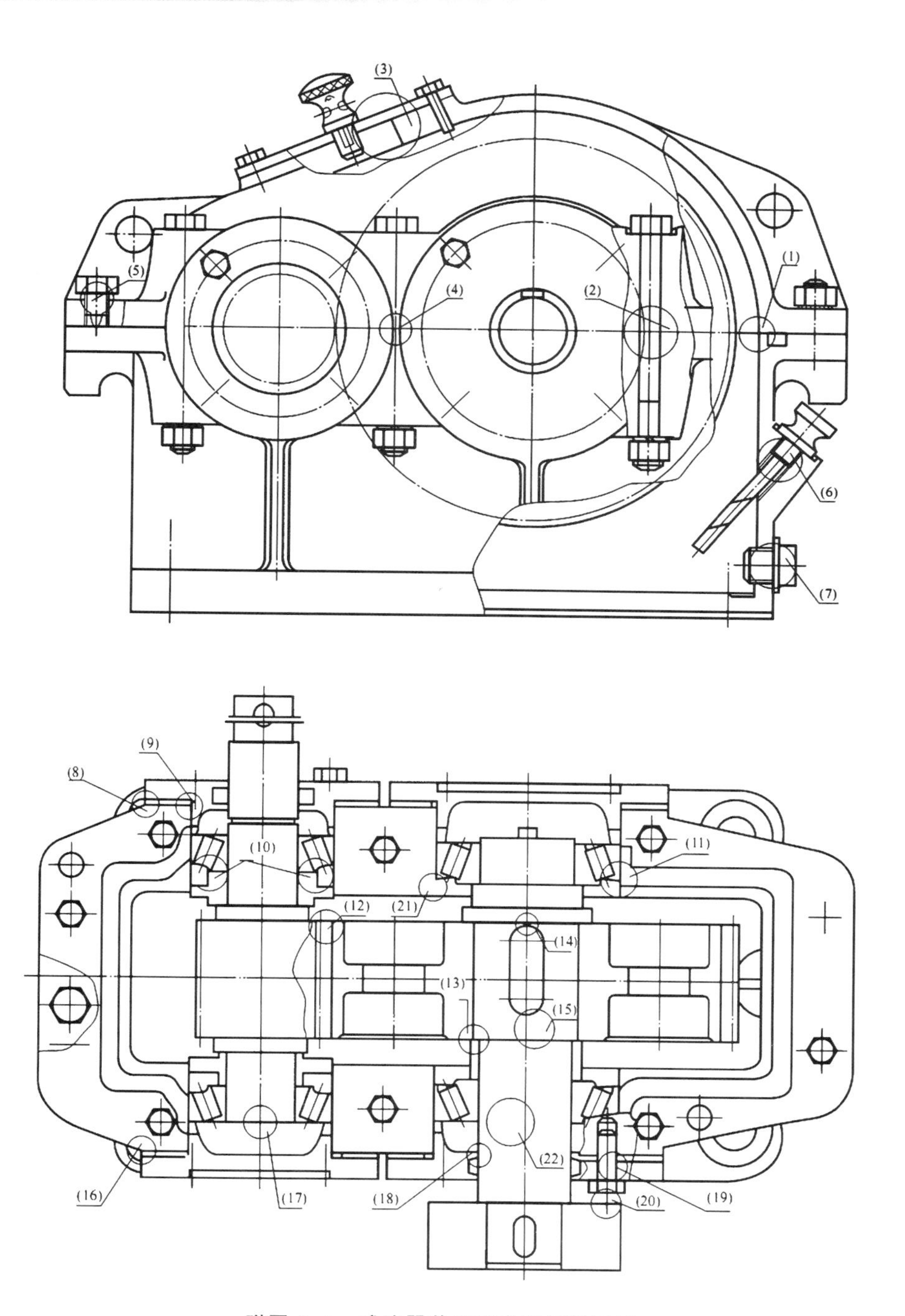

附图 A.1　减速器装配图常见错误示例

附图 A.1 所示为减速器装配图一些常见错误示例，分别说明如下。

（1）轴承采用油润滑，但油不能导入油沟。

（2）螺栓杆与被连接件螺栓孔表面应该有间隙。

（3）观察孔设计太小，不便于检查传动件啮合情况，并且没有设计垫片密封。

（4）箱盖与箱座接合面应画成粗实线。

（5）启盖螺钉设计过短，无法启盖。

（6）油标尺的位置倾斜度不合理（或设计太靠上），使得油标尺座孔难以加工，且油标尺无法装拆。

（7）放油螺塞孔端处的箱体没有设计凸起，螺塞与箱体之间没有封油圈，且螺塞位置设计过高，很难排干净箱体内的残油。

（8）、（16）轴承座孔的端面应设计成凸起的加工面，减小箱体表面加工的面积。

（9）垫片的孔径太小，端盖不能装入。

（10）轴套太厚，高于轴承内圈，不能通过轴承内圈来拆卸轴承。

（11）输油沟中的润滑油很容易直接流回箱体内，不能很好地润滑轴承。

（12）齿轮宽度相同，不能保证齿轮在全齿宽上啮合，且齿轮的啮合画法不正确。

（13）轴与齿轮轮毂的配合段一样长，轴套不能可靠固定齿轮。

（14）键槽的位置紧靠轴肩，加大了轴肩处的应力集中。

（15）键槽的位置离轴端面太远，齿轮轮毂的键槽在装配时不易对准轴上的键。

（17）轴承端盖在周向应对称开设多对缺口，以便于在安装端盖时豁口容易与油沟对齐。

（18）端盖不能与轴接触。

（19）螺钉杆与端盖螺钉孔之间应有间隙。

（20）外接零件端面与箱体端盖距离太近，不便于使用端盖螺钉进行拆卸。

（21）轴承座孔应设计成通孔。

（22）轴段太长，应设计成阶梯轴，以便于轴的加工和轴上零件的拆卸。

附录B

参考图例

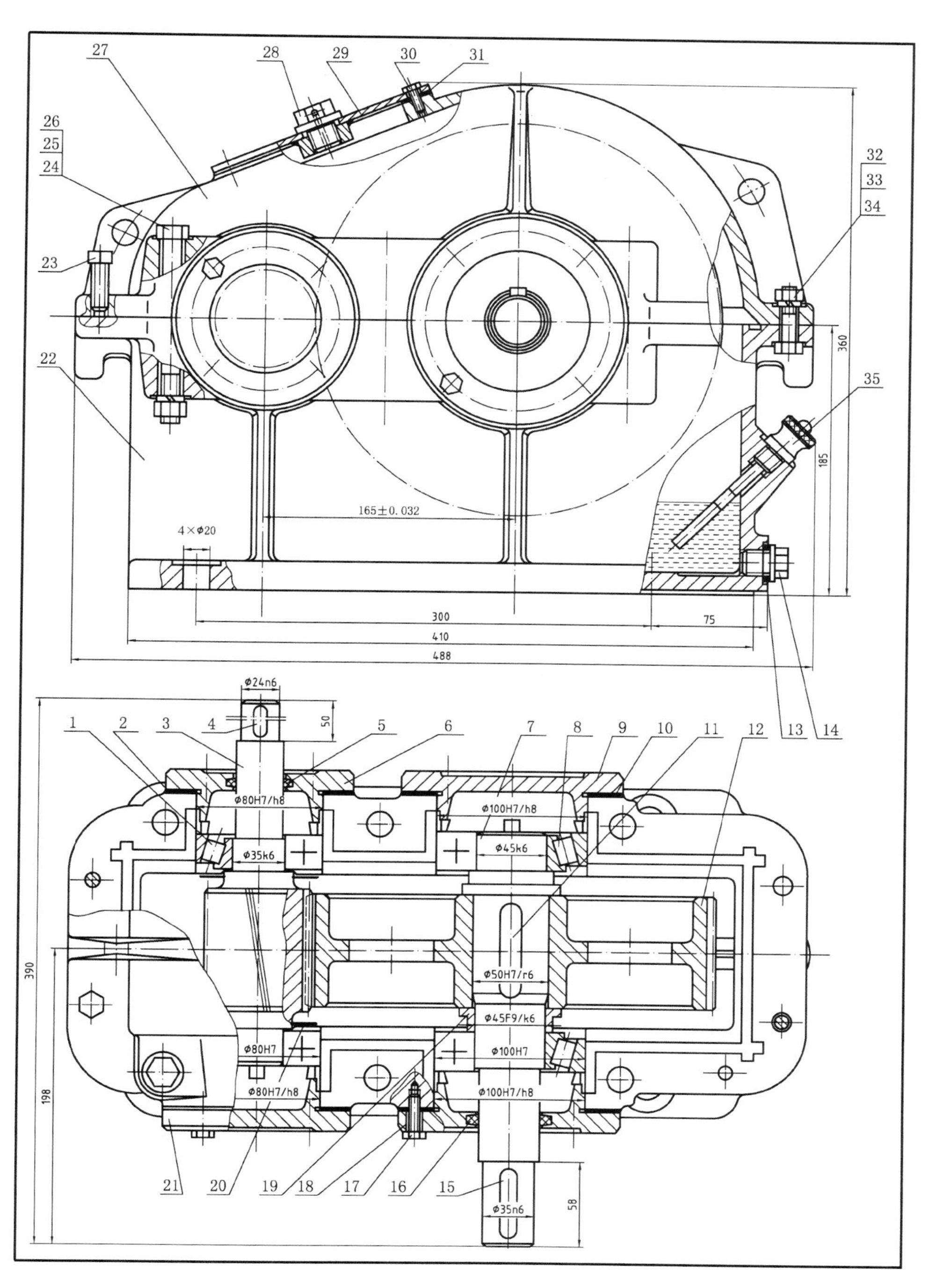

附图 B.1　单级圆柱齿轮减速器装配图

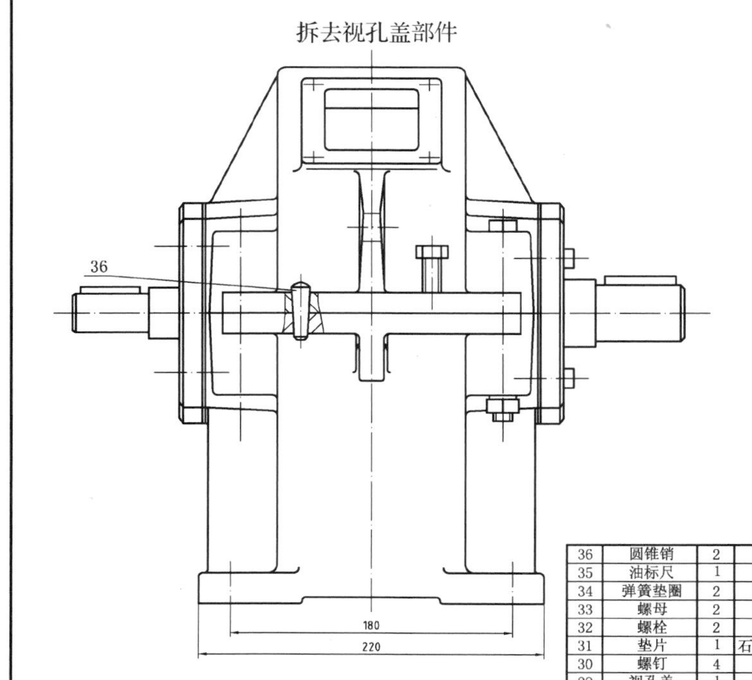

技术特性

输入功率 /kW	输入转速 /(r/min)	传动比 i	效率 η	传动特性				
				β	m_n	齿数		精度等级
3.42	720	4.15	0.95	12°14'19"	2.5	z_1	25	8 GB/T 10095—2008
						z_2	104	8 GB/T 10095—2008

技术要求

1. 装配前，所有零件需用煤油清洗，滚动轴承用汽油清洗，箱内不允许有任何杂物，内壁用耐油油漆涂刷两次。
2. 齿轮啮合侧隙用铅丝检验，其侧隙值不小于0.16 mm。
3. 检验齿面接触斑点，要求接触斑点占齿宽的35%，占齿面有效高度的40%。
4. 滚动轴承30207、30209的轴向调整游隙均为0.05～0.1 mm。
5. 箱内加注AN150全损耗系统用油（GB 443—1989）至规定油面高度。
6. 剖分面允许涂密封胶或水玻璃，但不允许使用任何填料。剖分面、各接触面及密封处均不得漏油。
7. 减速器外表面涂灰色油漆。
8. 按试验规范进行试验，并符合规范要求。

序号	名称	数量	材料	标准及规格	备注
36	圆锥销	2	35	销 GB/T 117 A8×30	
35	油标尺	1	Q235-A		组合件
34	弹簧垫圈	2	65Mn	垫圈 GB 93 10	
33	螺母	2	Q235-A	螺母 GB/T 6170 M10	
32	螺栓	2	Q235-A	螺栓 GB/T 5782 M10×40	
31	垫片	1	石棉橡胶纸		
30	螺钉	4	Q235-A	螺栓 GB/T 5781 M6×16	
29	视孔盖	1	Q235-A		
28	通气塞	1	Q235-A		
27	箱盖	1	HT200		
26	弹簧垫圈	6	65Mn	垫圈 GB 93 12	
25	螺母	6	Q235-A	螺母 GB/T 6170 M12	
24	螺栓	6	Q235-A	螺栓 GB/T 5782 M12×120	
23	启盖螺钉	1	Q235-A	螺栓 GB/T 5783 M10×35	
22	箱座	1	HT200		
21	轴承端盖	1	HT200		
20	挡油环	2	Q235-A		冲压件
19	轴套	1	45		
18	轴承端盖	1	HT200		
17	螺钉	16	Q235-A	螺栓 GB/T 5783 M8×25	
16	毡圈	1	半粗羊毛毡	毡圈 42JB/ZQ 4606	
15	键	1	45	键 10×50 GB/T 1096	
14	油塞	1	Q235-A	螺塞 M20×1.5JB/ZQ 4450	
13	封油垫	1	石棉橡胶纸		
12	齿轮	1	45	m_n=2.5，z=104	
11	键	1	45	键 14×63 GB/T 1096	
10	调整垫片	2组	08F		
9	轴承端盖	1	HT200		
8	圆锥滚子轴承	2		滚动轴承 30209 GB/T 297	
7	轴	1	45		
6	轴承端盖	1	HT200		
5	毡圈	1	半粗羊毛毡	毡圈 32JB/ZQ4606	
4	键	1	45	键 8×45 GB/T 1096	
3	齿轮轴	1	45	m_n=2.5，z=25	
2	调整垫片	2组	08F		
1	圆锥滚子轴承	2		滚动轴承 30207 GB/T 297	

单级圆柱齿轮减速器			比例	图号	重量	共 张
						第 张
设计		年 月	机械设计 课程设计		（校名） （班名）	
绘图						
审核						

续附图 B. 1

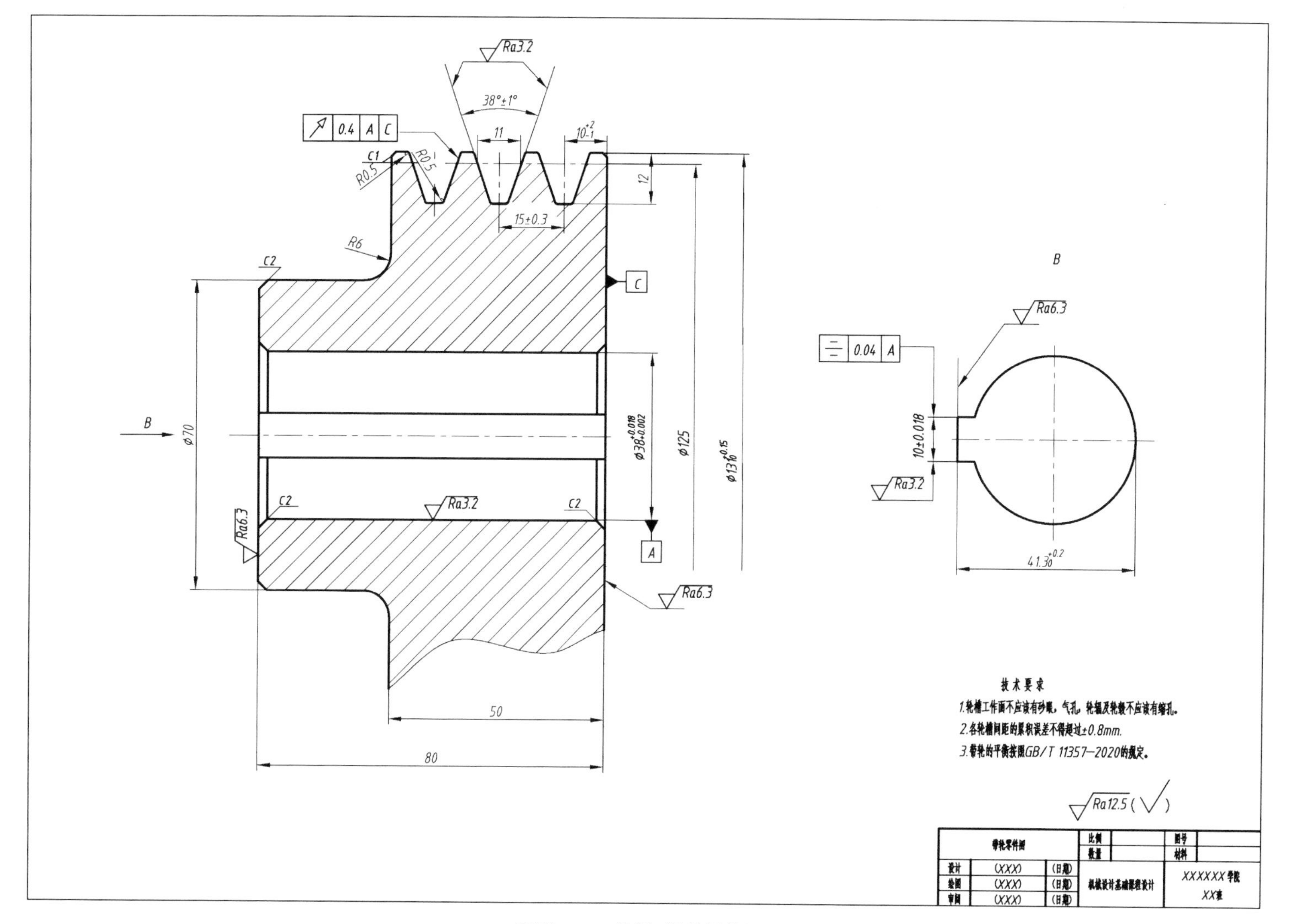

附图 B·2　普通V带轮零件图

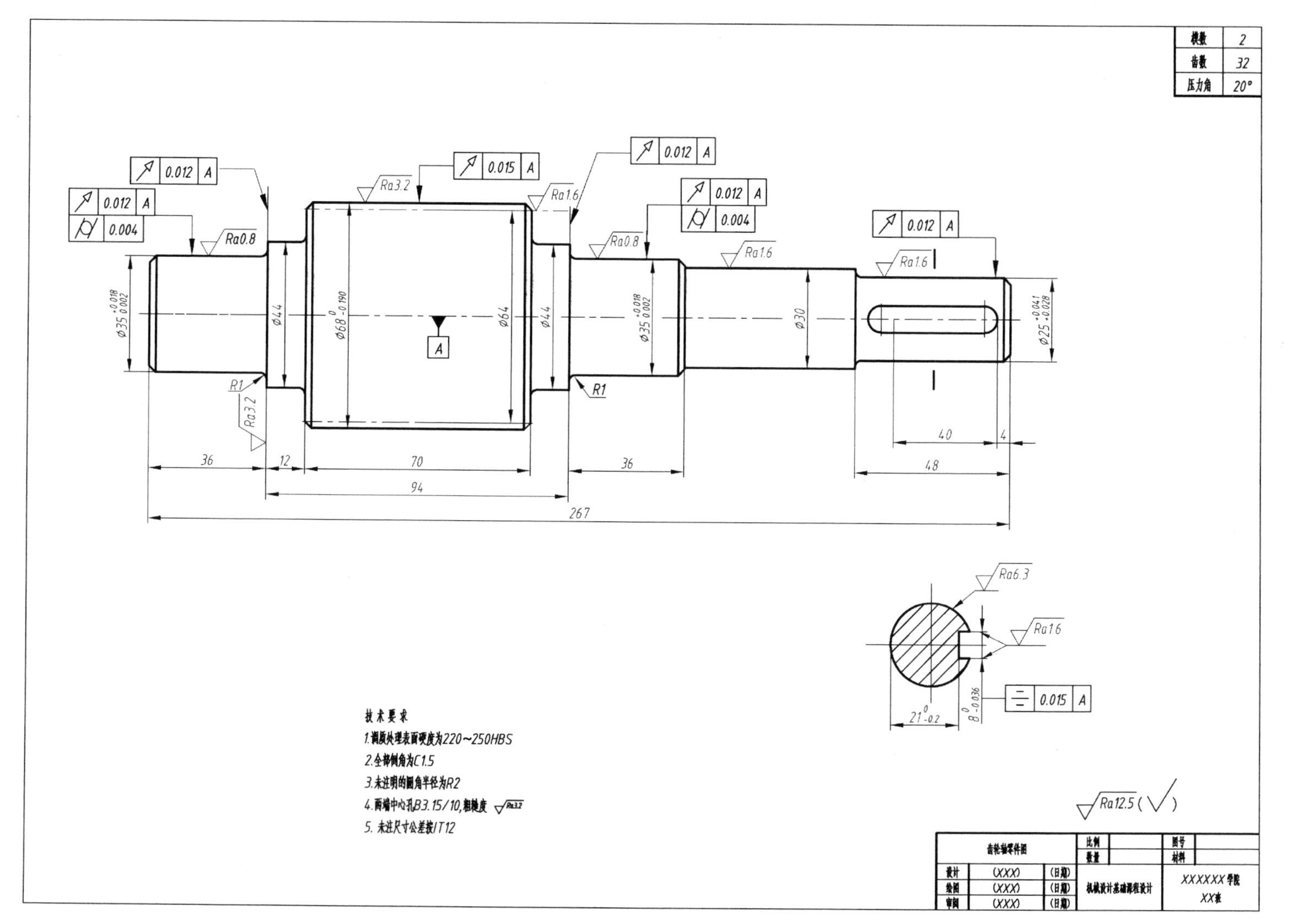

模数 2
齿数 32
压力角 20°
技术要求
1.调质处理表面硬度为220~250HBS
2.全部倒角为C1.5
3.未注明的圆角半径为R2
4.两端中心孔B3.15/10,粗糙度
5.未注尺寸公差按IT12
Ra12.5 (√)
齿轮轴零件图
设计 (XXX) (日期)
绘图 (XXX) (日期)
审阅 (XXX) (日期)
比例
数量
图号
材料
机械设计基础课程设计
XXXXXX学院
XX班

附图 B.3 齿轮轴零件图

参考文献 CANKAOWENXIAN

[1] 冯任余，张丽杰. 机械制图简化画法及应用图例[M]. 北京：化学工业出版社，2015.
[2] 黄平. 常用机械零件及机构图册[M]. 北京：化学工业出版社，1999.
[3] 机械设计手册编委会. 机械设计手册(第 1 卷)[M]. 3 版. 北京：机械工业出版社，2004.
[4] 机械设计手册编委会. 机械设计手册(第 2 卷)[M]. 3 版. 北京：机械工业出版社，2004.
[5] 机械设计手册编委会. 机械设计手册(第 3 卷)[M]. 3 版. 北京：机械工业出版社，2004.